스마트공장 구축을 위한 자동화 기술

전은호 저

光文閣
www.kwangmoonkag.co.kr

→ **Preface**

    4차 산업혁명 시대의 제조 산업 적용 분야에서 스마트공장이 시작되었다. 제품 생산은 넘쳐나고 기술은 공유되어 더 이상 기업의 독자적 시장을 유지시켜 주기 어려워지고 있다. 사회적으로는 저출산, 고령화 등으로 생산 능력을 갖춘 인력이 줄어들고 있고, 저렴한 인건비를 찾아 세계 각지에 흩어지는 공장들로 우리나라의 제조 경쟁력도 위기를 맞고 있다. 제조업들은 이러한 위기 상황을 극복하고 소품종 대량생산 시대를 지나서 개인화된 고객의 요구사항에 맞춘 다품종 대량생산을 위해 스마트공장을 도입하고 있다.

    스마트공장은 4차 산업혁명인 ICT 기술을 활용해 제조업의 모든 가치사슬 요소를 효율화하여, 고객 맞춤형 제품을 생산하는 공장으로 정의할 수 있다. 단순히 설비를 자동화하고 지능화했다고 해서 스마트한 공장이라고 하지 않고, 개인 맞춤형 제조가 가능하도록 설비, 재료, 방법 및 사람까지도 스마트화되어야 한다.

    스마트공장을 구성하고 있는 주요 기술들을 이해하고, 스마트공장의 주요 기술을 익히기 위한 필수적인 내용으로, 개념을 잘 이해하고 익혀서 스마트공장에서 경쟁력 있는 인재가 될 수 있기를 바랍니다.

저자

→ Contents

01장

스마트공장 이해

스마트공장 이해

1.1 4차 산업혁명과 융합 산업

어떤 기술들이 미래의 4차 산업혁명 시대를 이끌고 갈 것인지는 아무도 모른다. 다만 많은 학자와 경영 현장, 그리고 기술 관련 전문가들이 말하는 중요한 기술들이 다가오고 있는 4차 산업혁명의 방향을 제시할 것이라는 것은 상상할 수 있다. 수많은 기술 중에서도 4차 산업혁명의 주체가 될 가능성이 많은 기술들을 살펴보면 5G, RFID, 사물인터넷(IoT), 빅데이터, 인공지능(AI) 등의 기술이 있다.

산업의 발전은 기본적인 기술이 발전하면서 시작된다. 기술 발전은 산업의 발전으로 결과가 나타나게 된다. 즉 기술의 발전이 산업의 발전을 촉진시키고 있다. 1차 산업혁명의 시대에서 증기기관 기술 혁신은 경공업 중심의 산업을 발전하게 하였다. 증기기관이라는 기술이 발전하자 경공업 관련 산업인 증기기선, 증기기관차, 증기자동차, 증기방적기 등의 분야들이 발전하게 되었다.

이러한 방법으로 현재 예상되고 4차 산업혁명의 시대에 급속하게 발전하게 될 중요한 기술들이 영향을 미치게 될 산업 분야들을 보면 로봇, 바이오, 헬스케어, 자율자동차, 신재생에너지, 3D프린트, 게임, 스마트홈&시티, 신소재, 원자력 발전, 가상·증강·혼합현실, 문화·예술, 부품, 과학·사회·인문 등의 분야들이 있다.

(1) 로봇 산업

4차 산업혁명의 중심에는 로봇이 있다. 로봇은 더 이상 단순한 기술 제품이 아니라 인간의 삶의 방법을 바꾸고 편익과 행복을 제공하는 매개체가 될 것이다. 산업용 로봇은 기술의 편리성을 활용하여 산업의 발전을 위한 도구로 활용되고 있는데 4차 산업혁명의 시대에는 서비스 로봇의 중요성이 증가되면서 기술과 사람을 연결하는 인공지능을 가진 도구가 될 것이다. 사람과 공존할 수 있는 기술을 보유한 서비스 로봇은 인간과 대화를 하면서 기술의 편리성을 제공하는 것을 의미한다. 서비스 로봇은 사람을 대체하는 것이 아니라 사람과 공존하는 기술이 되어야 할 것이다.

4차 산업혁명의 시대에는 더욱 발전된 인간을 닮은 서비스 로봇이 인간에게 편익과 행복을 제공하기 위한 노력을 하게 될 것이다. 새로운 기능의 서비스 로봇인 디지로그 로봇(digilog Robot)이 등장할 것이다. 디지로그 로봇은 디지털(Digital)과 아날로그(Analog)가 융합된 서비스 로봇을 의미한다.

1) 뱀 로봇

미국의 카네기멜론 대학의 뱀 로봇은 관절마다 별개로 살아 움직이고 머리에는 눈에 해당하는 카메라가 달려 있다. 이동 중에 장애물을 만나면 실제의 뱀처럼 꼬불꼬불 돌아가거나 장애물을 타고 올라갈 수도 있다. 무너진 건물이나 불안전한 환경에서 인명구조 활동에 도움이 될 수 있는 로봇을 연구하다가 뱀 로봇을 개발하게 되었다고 한다. 뱀 로봇은 사람이 갈 수 없는 원자력발전소 혹은 수술 등의 다양한 분야에서 활용될 수 있다.

2) 안내 로봇

일본 소프트뱅크사가 개발한 서비스 로봇인 페퍼는 기존의 은행 업무는 물론 복권 판매와 보험 가입 업무까지도 친절하게 안내해 준다. 페퍼는 딱딱하고 사무적인 대화가 아니고 고객들로 하여금 친근하게 느끼게 하는 언행과 행동으로 안내를 한다. 고객들은 페퍼의 도움에 미소를 지으며 만족한다고 한다.

3) 재난 로봇

한국의 카이스트대학에서 개발한 '휴보'는 2015년 6월 세계재난로봇대회에서 1위를 했다. 한국의 로봇 기술의 성장에 대한 가능성을 확인할 수 있었던 좋은 계기가 되었다.

(2) 바이오(생명) 산업

바이오(bio)의 어원은 그리스어의 비오스(bios)이며 생명과 생물의 살아 있는 모든 것들을 의미한다. 그리고 바이오 산업(bio industry)은 바이오에 화학, 전자, 의학, 물리, 금속, 기계 등의 산업 부문을 연결하고 융합하여 새로운 상품을 만들어 내는 산업을 의미한다. 즉 바이오는 우리 생활 주변에 있는 모든 것들과 융합되어 응용될 수 있으므로 발전의 범위가 매우 넓고 다양하다. 바이오 산업은 바이오 기술을 활용하여 생물의 고유한 가치를 확대하여 유용한 생물을 만들어 낼 수 있는 새로운 산업 분야이다.

바이오 산업에 필요한 바이오 기술은 유전자 재조합 기술, 세포 융합 기술, 대량 배양기술 등이 있으며 유전자 재조합 기술을 활용하여 당뇨병의 특효약인 인슐린과 암 치료에 유용한 인터페론의 생산은 실용화된 상태이다. 바이오 기술은 의학분야 이외에도 농업, 화학, 공업 등의 분야에서 바이오 기술의 기초 연구들이 활발하게 진행되고 있기 때문에 곧 식량 증산이나 에너지 절약 등이 실현될 것으로 보인다.

플라스틱은 자연 분해될 수 있는 시간이 450년이라고 한다. 450년 동안 썩지 않는 거대한 쓰레기 섬이 태평양 한가운데 있다. 한국 면적의 7배에 달한다고 한다. 이러한 플라스틱의 환경 오염을 방지하기 위하여 코카콜라는 완전한 재생이 가능한 바이오 플라스틱(bio plastic)에 콜라를 담기 시작하였고, 모든 페트병을 바이오 플라스틱으로 대체할 것이라고 한다.

바이오 에너지(bio energy) 분야도 연구가 활발하게 진행되고 있다. 바이오 에너지는 생물과 폐기물에서 에너지를 얻을 수 있으며 나무, 사탕수수, 폐기물 등으로부터 에너지를 얻고 있으며 헬스케어, 전자부품, 자동차 등의 일상생활 분야로 범위가 확장되고 있다.

(3) 헬스케어 산업

한국의 고령화는 일본을 닮아가고 있다. 한국의 2013년 65세 이상 고령 인구는 전체 인구의 12%였지만 2030년에는 24%가 넘을 것으로 예상된다. 4명 중 1명은 생산에 관여하지 않는 고령일 것이다.

고령화에 따른 만성질환의 증가로 인한 국가적 비용 부담 등을 해결하기 위한 방안으로 U헬스케어(Ubiquitous Health Care)가 확산되고 있다. 바이오 기술, 사물인터넷, 의료기기들을 활용해서 측정된 의료 정보를 실시간으로 의사에게 전달하고 의사는 언제 든지 어디서든지 환자의 상태를 용이하게 확인할 수 있게 된다. 환자의 예방 진료는 물론, 개인별 맞춤형 진료 관리가 가능하게 되었다. 생활 속에서 건강 관리를 지속할 수 있게 된다. 언제나 어디서든지 질병의 진단과 진료가 가능한 유비쿼터스 헬스케어의 시대가 이미 시작되고 있다.

U헬스케어는 U메디컬, U실버, U웰니스로 구분된다. U메디컬은 만성환자를 중심으로 ICT를 통해서 질병의 예방과 치료를 효과적으로 제공하는 것이다. U실버는 고령자를 위한 요양, 홈케어, 안전 관리 등이 해당되며 U웰니스는 일반인을 대상으로 하는 건강 관리이며 식생활이나 운동과 같이 건강 유지를 통한 삶의 질을 향상시키는 활동이다.

(4) 자율주행자동차 산업

자율주행자동차는 사람의 힘이 필요 없다. 사람이 핸들을 돌리거나 브레이크를 밟을 필요가 없다. 자율주행자동차는 자동차 진화의 꿈이면서 미래 산업이다. 자율주행자동차는 인간을 대신해서 판단하고 운전한다. 과거의 자동차와 다른 점은 인공지능의 유무라고 해도 좋을 것이다. 자동차가 인공지능을 가지는 것은 일상생활과 산업 전반에 많은 변화가 있음 의미한다.

4차 산업혁명이 도래한 자율주행자동차 시대에는 도로, 주변 건물, 주변 시설물에 각종 센서를 부착하고 인공지능을 활용할 수 있을 것이다. 도로 주변의 모든 시설물들의 인공지능은 각종 도로 정보를 모든 차량들에게 상황에 맞추어서 제공하고 교통사고를 사전에 예방할 수 있을 것이며 도로 주변 상황을 통제도 할 수 있을 것이다. 자동차들끼리 통신으로 소통하고 자동차와 신호등, 자동차와 도로 주변의 모든 시설물들과 소통함으로써 교통사고 제로의 시대를 기대할 수 있게 될 것이다.

자율주행자동차는 교통사고가 아예 없는 기술, 교통사고를 차단하는 기술을 생각하는 과정에서 시작되었다. 사람인 운전자가 인식할 수 없는 도로의 사정을 미리 판단하고 사람보다 빠르게 반응하는 차를 상상한 것이 자율주행자동차의 시작이었다. 인공지능과 각종 센서들의 발전으로 완전한 수준의 자율주행자동차가 2025년경에는 나타날 것으로 생각된다. 모든 자동차 기업들이 자율주행자동차에 적극적으로 참여하게 될 것이다. 혹시 자동차 기업들이 자율주행자동차 개발 경쟁에 참여하지 않을 경우에는 즉시 도태될 가능성이 많다. 기존에는 자동차를 생산하지 않던 업체들인 구글, 애플, 테슬라 등이 이미 자율주행자동차 개발에 매우 적극적으로 관여하고 있기 때문이다.

자율주행자동차가 발전되는 속도에 맞추어서 엔진의 발전도 기대되는 분야이다. 현재 디젤과 가솔린 엔진에서 전기자동차로 전환 중에 있으며 시제품들이 시장에 선보이고 있는 수소자동차에 관련한 기술들도 매우 빠른 속도로 발전하고 있다. 에너지 비용이 들지 않는 자율주행자동차가 가까운 미래에 출현할 것으로 기대된다.

(세상을 바꾸는 14가지 미래 기술, 한국경제TV, 2017).

(5) 신재생에너지 산업

신재생에너지는 기존의 화석연료를 재활용할 수 있거나 혹은 재생이 가능한 에너지를 변환시켜서 활용할 수 있는 에너지를 의미한다. 산업이 발달하고 인구가 급속도로 증가하면서 화석연료에 대한 자원이 고갈되어 가고 있다. 그리고 화석연료와 원자력 발전이 지구 온난화의 원인으로 인식되기 시작하면서 화석연료와 원자력의 사용을 줄이려는 움직임이 활발해지고 있으며 신재생에너지에 대한 관심이 매우 증가하고 있다.

한국에서의 신재생에너지의 종류를 보면 재생에너지와 신에너지 분야 등의 11개 분야로 구분하고 있다. 재생에너지는 태양열, 태양광 발전, 바이오매스, 풍력, 소수력, 지열, 해양에너지, 폐기물에너지 등의 8개 분야가 있으며 신에너지는 연료전지, 석탄액화 가스화, 수소에너지 등의 3개 분야가 있다. 이들 신재생에너지들 중에서도 특히 태양광 발전과 확산이 매우 빠르게 진행되고 있다. 그리고 이들 에너지들 중에서 전기적 에너지를 저장할 수 있는 있는 에너지 저장장치 분야에서의 기술 발전이 매우 빠르게 진행되고 있으므로 가까운 미래에 각 가정에서 에너지를 스스로 해결할 수 있는 에너지 자급자족의 시대가 도래할 것으로 보인다.

(6) 에너지 저장장치 산업

발전기를 이용해서 생산된 교류 전기는 즉시 사용해야 하며 사용하지 않는 전기는 즉

시 소멸되고 만다. 교류 전기는 축적할 수 없기 때문에 직류로 전환해서 충전을 할 수 있으며 필요한 경우에는 다시 사용할 수 있다. 전기를 충전한 다음에 반영구적으로 사용할 수 있는 전지를 2차전지라고 하며 전기 저장장치를 대표하는 장치가 2차전지이다. 2차전지는 재충전이 가능하며 납충전지, 니카드전지, 리튬이온전지, 폴리머전지, 니켈 수소전지 등이 있다.

2차전지의 시작은 납과 황산을 재료로 사용하여 만들어진 납축전지였다. 납전지는 값은 싸지만 수명이 짧고 무겁다는 단점이 있다. 2차전지는 니카드전지가 가장 보편적이지만 메모리 현상이 가장 큰 단점이고 메모리 현상은 전기를 다 쓰지 않고 충전하게 되면 충전되는 양이 줄어드는 현상을 의미한다. 리튬이온전지는 메모리 현상이 없고 전지의 출력이 좋기 때문에 카메라, 노트북PC, 휴대폰, 모바일 기기와 같은 기기에 사용되고 있다.

폴리머전지는 리튬이온전지보다 안전성이 높고 제조 단가가 낮으며 대용량화에 유리하기 때문에 차세대의 전기 저장장치로 유력해 보인다. 니켈수소전지는 일반적이지는 않지만 성능은 2차전지 중에서 최고 수준이지만 가격이 비싸다.

제주도의 모슬포항에서 가까운 가파도에는 풍력, 태양광 등의 신재생에너지를 활용해서 전기를 만들어 사용하고 있으며 전기가 남는 집은 부족한 집으로 전기를 주고받을 수 있다. 가파도에는 마이크로그리드(Microgrid) 시스템이 구축되어 있다. 마이크로그리드 시스템은 소규모의 지역에서 전기를 만들고 저장했다가 나누어 사용할 수 있는 전력 시스템이다. 마이크로그리드 시스템의 핵심은 전기 저장장치인 2차전지이다.

전력난을 해결할 수 있는 방법은 발전소를 많이 건설하는 것보다는 전기 저장장치를 활용하여 남는 전기를 나누어 사용하는 방법이다. 가파도의 사례에서 이미 그 성과는 입증되었다. 전기 저장장치는 결국 에너지 저장 시스템(ESS, Energy Storage System)의 가장 중요한 도구이다. ESS는 평소에 남는 여유 전력을 저장했다가 전기가 부족할 때 사용하거나 다른 사람들과 나누어 사용할 수 있는 역할을 할 수 있는 시스템이다.

(7) 3D 프린트 산업

3D 프린터는 3차원 도면을 기초로 입체적인 물체를 생성하는 도구이다. 즉 입체적

공간에 프린트하는 장치이다. 3D 프린터는 절삭형과 적층형이 있다. 절삭형 3D 프린터는 큰 원재료의 큰 덩어리를 조각하듯이 불필요한 부분을 깎아서 인쇄물을 만들기 때문에 재료의 손실이 많이 발생한다. 적층형 3D 프린터는 아주 얇은 2차원 면을 층층이 쌓아 올리는 방법으로 인쇄물을 만들므로 재료의 손실이 없다.

3D 프린터는 항공이나 자동차와 같은 제조업에서 활용되고 있고 의료, 건설, 소매, 식품, 의류 산업 분야로 영역을 확대하고 있다. 최근에는 의료 분야인 인공 관절, 인공 치아, 인공 귀, 인공 동맥, 인공 장기, 인공 치아, 인공 두개골, 의수, 의족 등을 만드는데 매우 유용하게 활용되고 있다. 미국항공우주국(NASA)은 우주에서 먹을 수 있도록 우주에 3D 프린터를 가지고 올라가서 피자나 햄버거까지 요리(제작)하였다. 피자 한 판을 제작하는데 소요된 비용은 1.25억 달러였다고 한다.

(8) 게임 산업

게임 산업을 부정적인 시간으로 바라보는 사람들이 많다. 청소년들이 많이 애용하는 게임들이 많기 때문에 학부형들은 게임을 청소년들이 성장하고 학업에 열중하지 못하게 방해물로 생각하고 게임을 마약과 같은 악의 산업이라고 극단적인 생각을 하는 사람들도 있다. 심지어는 정치적인 이용의 도구로 전락되어 없어진 '바다 이야기'라는 어른들의 게임은 한때 전국적으로 수천 개의 게임방이 성업할 정도로 인기가 있었다. 그리고 한국 게임의 선두주자였던 넥슨의 CEO가 2016년 정경유착으로 기업 경영에 나쁜 영향을 끼치게 되어 성장 동력을 상실하고 있다.

게임 산업을 부정적인 시각만으로 바라볼 필요는 없을 것이다. 어떤 산업이든지 긍정적인 측면이 있으면 부정적인 측면도 있을 수밖에 없다. 가능하면 부정적인 측면을 축소하려는 노력과 함께 긍정적인 측면의 게임 산업을 육성해야 할 것이다. 인터넷의 부정적인 측면보다는 긍정적인 측면을 더 많이 발전시켜 왔던 것처럼 게임 산업 역시 성장시켜야 할 가치가 있는 미래 산업이다.

게임 산업은 대규모의 자금력과 우수한 인력의 보유 정도가 핵심 경쟁력이다.

2015년도 세계의 게임 시장 규모는 910억 달러였으며 이 중에서 중국의 텐센트는 87억 달러를 차지하여 세계적인 게임 기업으로 성장했다. 텐센트는 30개 이상의 게임

업체를 인수하거나 지분을 참여해서 약 3조 원 정도를 투자했는데 성공한 사례이다. 최근의 알리바바도 게임 산업에도 관심을 보이고 있으며 2017년에는 게임 분야에 1,000만 달러를 투자하였고 미래의 게임 산업을 대비하고 있다. 미국의 MS는 가상현실의 게임 시장에 진출하기 위한 앱을 개발하고 있다.

게임 산업은 전형적인 글로벌 산업이다. 게임 산업의 발전은 사물인터넷, 가상현실과 같은 산업들이 더불어 발전할 수 있는 시너지 산업이 될 수 있다. 이러한 시너지 효과는 '포켓몬고'에서 이미 체험하고 있다. 포켓몬고는 가상현실의 게임 공간에 실제 현실을 겹치게 한 증강현실이다. 게임 시장은 아직 초기 시장이며 성장이 매우 밝은 시장이다. 4차 산업혁명의 시대에 맞추어 가상현실, 증강현실, 혼합 현실을 활용한 게임을 준비하는 기업이 미래의 게임 시장을 선점할 수 있는 기업이 될 것이다.

(9) 스마트홈 & 시티 산업

사물인터넷 기술의 중심 사업으로 스마트홈 산업이 급부상하고 있다. 스마트홈 시장은 사물인터넷의 한 분야라고 할 수 있을 것이다. 스마트홈은 가정이라는 테두리 안에서 활용되는 사물인터넷이 만들어 내는 산업 중의 하나이다. 스마트홈의 개념이 확대되면 스마트팜(Smart Farm), 스마트시티(Smart City), 스마트소사이어티(Smart Society) 등이 될 수 있다.

(10) 신소재 산업

신소재의 의미는 기존 소재의 결점을 보완하거나 우수한 특성을 창출함으로써 고도의 기능 및 구조 특성을 실현한 재료를 개발하고 생산하는 산업은 의미한다. 신소재는 전기적 특성이 있는 파인세라믹스, 자기적 특성이 있는 신금속 재료, 고분자 재료, 복합 재료 등으로 구분된다.

탄소나노튜브라는 신소재가 있다. 지름이 머리카락 굵기의 10만분의 1에 불과하지만 전기 전도율은 은과 비슷하고 강도는 철강보다 100배 강하다. 일본의 한 건설업체는 탄소나노튜브 신소재를 활용해서 우주 엘리베이터를 2050년까지 건설하겠다고 발표했다. 200명을 태운 엘리베이터가 9만 6,000km를 올라갈 계획이라고 한다. 휘어지는 디스플레이, 투명 디스플레이를 가능하게 할 수 있는 신소재가 있다.

연필심의 원료인 흑연을 얇게 떼어내면 인류가 발견한 물질 중에서 가장 얇은 층의 물체인 그래핀이 된다. 신소재 그래핀은 구리보다 100배 전기가 잘 통하고 강철보다 200배 이상 강하며 반도체 재료인 실리콘보다 전자의 이동성이 100배 빠르다.

1.2 스마트공장의 특징

스마트공장이란? 제품의 기획, 설계, 생산, 유통, 판매 등 전 과정을 IT 기술로 통합, 최소 비용 및 시간으로 고객 맞춤형 제품을 생산하는 공장을 의미한다.

4차 산업혁명은 독일 제조업이 직면한 사회, 기술, 경제, 생태, 정치 부문의 변화에 ICT를 접목해 총력적으로 대응하겠다는 전략으로 사물인터넷과 기업용 소프트웨어, 위치 정보, 보안, 클라우드, 빅데이터, 가상현실 등 ICT 관련 기술들을 적극 활용하는 스마트공장을 목표로 한다.

최근에 스마트폰으로 시작된 '스마트'라는 수식어가 다양한 분야에서 사용돼 스마트 컨버전스, 스마트카, 스마트그리드 등으로 확대되고 있다. 스마트공장은, 지능적이고 자율적인 공장을 지칭하는 것이라고 할 수 있다. 기술적인 용어인 사이버 물리 시스템에 비해 좀 더 일반적인 용어로 여겨지는 스마트공장은 다양한 개념으로 정의될 수 있다. 이 점을 고려해 여기서도 몇 가지 다양한 정의들을 소개한다.

첫째 무선통신 인프라스트럭처를 활용한 사물인터넷에 기반한 스마트공장에 초점을 두고 있다. 작은 디바이스들까지 포함해 모든 디바이스들은 지능을 가지고 있고 무선 네트워크에 의해 상호 연결돼 있다.

"스마트공장은 제조 장비와 물류 시스템들이 인간의 개입 없이 폭넓게 자율적으로 조절되고 운용되는 공장이다. 스마트공장의 기술적인 기반은 사물인터넷의 도움으로 상호 커뮤니케이션하는 사이버 물리 시스템들이다. 이 미래 시나리오의 중요한 부분은 제품(혹은 재공품)이 제조 장비와 커뮤니케이션한다는 것이다. 제품은 자신의 제조 정보를 스스로 보유하고 제조 장비로 전달한다. 이 정보에 기반해 제조 공정과 제조 장비를 포함하는 제품의 다음 공정 흐름이 자율적으로 제어된다.

여기서 상호 커뮤니케이션은 디바이스, 제조 설비, 근로자와 같이 공장 내부의 사이버 물리 제조 시스템들이 해당하는 수평적 부문에만 국한된 것이 아니다. 제품 개발, 생산관리, 생산기술, 서비스 등 가치 창출 사슬에 수직적으로 관련된 부문들에 산재하는 사이버 물리 제조 시스템들을 포함하는 개념이다.

"스마트공장은 지능적이고 네트워크로 연결된 공장의 개념을 나타낸다. 공장 내의 제조 설비들은 생산관리 시스템(MES), 전사적 자원관리 시스템(ERP), 공급망 관리(SCM)와 같은 상위의 IT 시스템뿐만 아니라, 스마트 제품과 직접적으로 통신한다. 모든 제조 프로세스의 상호 연결과 자율적인 조정을 통해 가치 창출 사슬 전체의 디지털화가 폭넓게 구현된다."

이러한 개념에 따르면, 스마트공장 레벨의 임무에만 국한된 것이 아니라, 제조 기업에서의 전체 가치 창출 사슬의 디지털화로 확대되고 있다. 그것은 마케팅으로부터 시작해 제품의 개발과 구성, 공정 계획, 생산, 영업과 사용, 폐기와 리사이클링을 포함한다.

(1) 스마트공장 분야

스마트공장 분야는 크게 애플리케이션, 플랫폼, 디바이스로 구분할 수 있다.

1) 애플리케이션

스마트공장은 IT 솔루션의 최상의 소프트웨어 시스템으로 MES, ERP, PLM, SCM 등의 플랫폼상에서 각종 제조 실행을 수행하며, 디바이스에 의해 수집된 데이터를 가시화하고 분석할 수 있는 시스템이다.

애플리케이션의 구성은 공정 설계, 제조 실행 분석, 품질 분석, 설비 보전, 안전/증감 작업, 유통/조달/고객 대응 등에 있다.

2) 플랫폼

스마트공장은 IT 솔루션의 하위 디바이스에서 입수한 정보를 최상위 애플리케이션에 전달 역할을 하는 중간 소프트웨어 시스템이다.

디바이스에 의해 수집된 데이터를 분석하고, 모델링 및 가상 물리 시뮬레이션을 통해 최적화 정보 제공, 각종 생산 프로세스를 제어/관리하여 상위 애플리케이션과 연계할 수 있는 시스템으로 구성, 생산 빅데이터 애널리틱스, 사이버 물리 기술, 클라우드 기술, Factory-Thing 자원관리 등이 있다.

3) 디바이스

스마트공장은 IT 솔루션의 최하위 하드웨어 시스템으로 공장의 모든 기초 정보를 감지 및 제어하는 단계로 컨트롤 기술, 네트워크 기술, 센싱 기술 등이 있다.

스마트 센서를 통해 위치, 환경 및 에너지 감지하고 로봇을 통해 작업자 및 공작물의 위치를 인식하여 데이터를 플랫폼으로 전송할 수 있는 시스템으로 구성되어 있다.

4) 감지, 판단, 실행 단계

스마트공장은 생산과 관련된 환경 정보를 감지하고 감지된 정보를 분석하고 판단하며 판단된 결과를 생산 현장에 반영하여 실행하는 3단계로 구성된다.

① 감지: 고객 요구 사항, 제품 수명 등 시장 환경과 생산 조건, 실적 정보, 재고 현황 등의 제품 환경, 그리고 생산 장비, 인력 운용 등의 생산 환경까지 관련된 모든 다양한 정보들을 수집하는 기능이다.

② 판단: 생산 환경 정보와 생산 전략의 변화를 바탕으로 사전에 분석하고 정의된 기준에 따라 생산 환경 및 전략을 수정하는 것을 결정하는 기능이다.

③ 실행: 판단 결과가 실시간으로 생산 환경에 적용되기 위하여 네트워크를 통한 제어 및 생산 전략 변경을 수행하는 기능이다.

(2) 스마트공장과 CPS 시스템

스마트공장에서는 CPS 시스템들을 통해 지능화된 스마트 요소들이 자율적으로 최적화된 생산에 필요한 활동들을 수행해 나아갈 것이다. 지능형 기계, 시설, 창고, 물류 시스템들은 독자적으로 정보들을 보유하고 교환할 수 있다. 이를 통해 상호 교류하며 스스로 주변 환경에 적응시켜 자율적으로 제어한다. 공장을 이루는 모든 장치, 운송 수단, 운송 도로, 생산 설비, 물류 및 관리 프로세스 등의 모든 요소는 사이버 물리 제조 시스템이 될 수 있다. 필요하다면 전 세계적으로 가용한 데이터와 서비스들을 글로벌 네트워크를 통해 사용할 수 있다.

1) 가치창출 사슬과 연동

스마트공장에서 사이버 물리 제조 시스템은 제조 활동뿐만 아니라 생산 활동에 영향을 미칠 수 있는 모든 가치 창출 사슬과 연동돼 있다. 예를 들면 제조 고려 설계의 개념을 통해 알고 있듯이 제품의 설계 단계에서는 생산 단계에서 발생하는 품질과 원가의 문제를 반영해야 한다. 영업과 마케팅의 상황과 수요 예측에 따라서 제조 생산 용량이 유연하게 대응돼야 한다. 고객의 사용과 폐기 정보는 제조 생산의 품질 제고와 신제품의 개발에 매우 유용하게 활용될 수 있다. 이와 같이 제조 생산과 그것을 둘러싼 모든 활동들은 디지털 데이터의 상호교환을 매개로 해 하나의 거대하고 고등한 지능적인 시스템이 되는 것이야말로 스마트공장의 궁극적인 모습이다.

2) 유기적 연동

스마트공장은 제조 생산과 기업 운용이 유기적으로 연동되는 이상적인 모습을 나타낸다. IT 시스템 관점에서 본다면, 최근 20여 년 동안 지속적으로 확대돼 온 기업 운용을 위한 IT 시스템들과 생산관리 시스템과 CAD/CAM 영역의 통합을 지향하고 있다고 볼 수 있다. 반대로 자동화 시스템 관점에서 본다면 각각의 디바이스와 설비들이 지능과 네트워크를 갖춰서 상위 시스템과 연결된다.

3) 스마트공장의 구성 요소

제조업의 가치 창출 사슬과 수평적 수직적으로 연결된 일부 혹은 모든 것들이 될 수 있다. 한 제조업의 한 라인만이 스마트공장이 될 수도 있고, 혹은 특정 지역의 공장만 스마트공장이 될 수도 있다. 글로벌 기업이라면 전 세계의 분산된 생산 거점의 공장들이 모두 연결될 수 있고, 제조 비용과 물류 비용을 거의 실시간으로 비교해 최적의 생산을 수행할 수 있을 것이다. 인터넷의 속성이 그렇듯이 상호 연결된 것들이 많을수록 스마트공장의 도입 효과는 커질 것이다. 대규모 기업이 아니라고 하더라도 산업 전반에 스마트공장이 도입된다면, 즉 산업 생태계의 변화가 이루어진다면 스마트공장을 통한 생산성과 이익이 극대화될 것이다.

(3) 스마트공장의 주요 특징

스마트공장은 기존의 공장에 대비해 볼 때 다음과 같은 특징들을 가지고 있다. 이러한 특징들은 스마트공장의 전환 혹은 신규 도입을 고려할 때 현재 수준에 대한 점검과 구현 목표 설정을 위해 참고해야 할 방향성을 제시한다.

1) 자율화

스마트공장을 통해 제조 기업의 공장은 극도의 자율 조직화와 자율 최적화 특성을 갖게 된다. 자율성은 생산 현장의 변화나 고객의 요구가 변동하더라도 생산 시스템이 스스로 적응하기 때문에 재조정 혹은 구조 변경에 소요되는 시간과 비용을 최소화하게 된다. 자율화로 이행할 수 있으려면 스마트공장을 이루는 개별 사이버 물리 시스템들에 포함된 의사결정 시스템이 각각의 역할에 필요한 만큼의 최소한의 지능을 갖추어야 할 것이다.

2) 분권화

스마트공장의 자율적인 구성 요소들은 중앙 집중 서버로부터 정해진 실행 명령을 절대적으로 수행하는 것을 거부한다. 제조 현장의 부분 시스템에서 발생하는 이벤트들에 대한 최적의 대응 방안은 해당 부분을 담당하는 자율적인 사이버 물리 시스템이 결정한다.

3) 디지털화

스마트공장을 구성하는 가장 중요한 요소인 사이버 물리 시스템은 가상의 시스템이 물리적 시스템을 완전하게 표현할 수 있는 수준에 근접한 모델과 데이터를 가질 때 성립된다. 가상의 시스템은 오늘날 디지털화된 정보만을 처리할 수 있는 컴퓨터에 의해 구성되고 있으므로 사이버 물리 시스템의 확대는 필연적으로 광범위한 디지털화를 통해서만 가능하다. 프로세스 내부에 남아 있는 아날로그적 요소들은 한 기업의 스마트공장의 적용 수준을 결정할 것이다.

4) 네트워크화

사물인터넷의 구현을 통해 사람과 기계와 자재와 제품은 모두 네트워크로 연결된다. 관리자 혹은 관련자는 필요할 때는 언제든지 특정한 재공품이 어떤 장비에 머물고 있는지 알 수 있다. 이러한 정보는 심지어 고객에게도 제공될 수 있다. '주문

하신 자동차의 엔진이 울산 A 공장의 B 기계에서 가공 중입니다.'라는 안내 문자가 발송될 수도 있다. 이와 반대로 기계나 자재가 스스로의 상태에 이상이 발생했을 때 관리자에게 알람을 알릴 수 있다. 공장 내 연결된 통신 포인트의 숫자는 한 공장의 스마트화 수준을 가늠할 수 있는 중요한 지표가 될 것이다.

5) 모듈화와 표준화

지능형 기계, 제품, 주변장치들은 모두 모듈화되어 환경 변화에 맞춰 유연한 조합이 가능하도록 변화될 것이다. 오늘날 고객의 기호와 같은 시장 환경과 협력사의 공급망과 같은 비즈니스 환경이 동적으로 변화하고 있다. 이러한 가운데 제조의 경쟁력을 유지하기 위해서는 시스템 내부의 모든 요소가 적은 비용으로 신속하게 변경될 수 있어야 한다. 모듈화는 필연적으로 표준화를 수반한다. 하나의 모듈을 다른 제품의 제조에도 사용할 수 있도록 모듈 간의 연결 혹은 인터페이스가 표준화되어야 한다.

6) 수평 수직 협업

사이버 물리 제조 시스템들은 공장 및 기업 내의 여러 가지 비즈니스 프로세스들과 수직적으로 연결되고 분산된 다른 사이버 물리 제조 시스템들과 수평적으로 연결된다. 이것은 수직적인 커뮤니케이션이 더욱 강조되는 기존의 운용 방식과는 매우 다르다. 이벤트가 발생하면 상위 서버에 알리고 조치를 기다리기보다는 주변의 기계와 장치에 자신의 상태를 알리고 필요한 도움을 스스로 받도록 하는 것이 우선시될 것이다.

7) 전사적으로 일관된 엔지니어링

주문에서 납품까지 그리고 그 이후 고객의 사용 정보까지 통합돼 디지털 데이터로 관리됨으로써 일관되게 적용되는 엔지니어링을 가능하게 한다. 설계에 의해 생성된 3D 형상 데이터에 해석의 결과가 더해지고 다시 제조를 위한 데이터가 추가된다. 공정 단위의 가공과 조립 데이터, 중간 조립품의 시험 데이터, 사용자의 서비스 데이터까지 모두 한꺼번에 통합 관리될 수 있다. 극단적으로 발전되면 고객의 사용 의견이 자동적으로 설계 대안들이 검토될 수 있다. 이러한 디지털 데이터 기반의 일관된 엔지니어링은 전사적인 데이터 기반 의사결정을 가속한다.

8) 고객 중심 제조

기존의 제조 시스템에서는 품질, 원가, 납기 등에 주요 초점이 맞춰져 있었다. 따라서 고객에게 추가적으로 만족을 줄 수 있는 성능이나 기능 등이 도입되는 것에 한계가 있었다. 개인 맞춤형 제품을 대량생산 수준의 비용으로 생산 가능한 스마트 공장에서는 개별 고객의 만족을 극대화시킬 수 있게 된다. 이것은 종래의 제품 중심에 일종의 서비스 개념이 더해지는 양상으로 전개된다. 스마트폰에 다양한 앱을 거래할 수 있는 앱 마켓도 함께 제공함으로써 핸드폰을 개인화된 서비스가 더해진 제품으로 만들어준다.

(4) 스마트공장 구축 사례

1) 지멘스 공장

독일 남부에 위치한 지멘스 암베르크 공장은 스마트공장의 대표적인 사례로 소개되고 있다. 이곳에서는 부품, 설비들에 장착된 1,000여 개의 센서가 기계 이상과 불량을 감지해 내고 있으며, 일 수천만 건의 공정 데이터를 분석하여 공장을 최적화 가동하고 있다.

지멘스가 기존의 암베르크 공장을 스마트화하는데 투입한 비용을 알 수는 없으나 그 규모나 시스템의 구성을 볼 때 대규모 비용을 투자했을 것이라는 추정이 가능하다. 단지 투자 대비 경제적 효과가 있었을까 하는 부분은 생각해 볼 필요가 있다, 하지만 지멘스의 암베르크 공장은 그 자체가 비즈니스 모델이 될 수 있기 때문에 공장에 대한 투자 경제성보다는 향후 스마트공장 사업을 통해 얻을 수 있는 부가가치에 더 큰 목적을 두었을 가능성이 많다.

【그림】 독일의 암베르그에 위치한 지멘스의 스마트공장 내부 전경(출처: SK C&C)

2) LS산전 공장

LS산전 청주 1사업장 G동은 스마트 생산 라인이 구축돼 있다. 부품 공급부터 조립, 시험, 포장 등 전 라인에 걸쳐 자동화 시스템이 구축된 이른바 제조업 혁신의 핵심으로 꼽히는 '스마트공장'이다. G동은 LS산전 주력 제품인 저압차단기와 개폐기를 생산하는 공장이다. 저압차단기를 생산하는 G동 1층에 들어서면 생산 라인이 쉴 새 없이 움직이고 있다. 연간 2,600만 대 산업용 차단기를 생산하는 라인으로, 자재는 정확히 1.5일분으로 유지되도록 설계됐다.

각 공정에는 LS산전을 대표하는 자동화 기기인 PLC가 어김없이 설치돼 있다. 각 공정의 PLC가 상위 PC를 통해 제조 실행 시스템인 MES와 연계돼 있다. MES 허브(Hub)는 각 공장과 상위 시스템 간 네트워크를 구성하는 통신 중계 역할을 수행한다. LS산전 스마트공장은 수요예측 시스템(APS)이 적용된 유연 생산 시스템으로 운영된다.

APS는 주문부터 생산 계획, 자재 발주까지 자동 생산관리가 가능한 유연 생산 방식이다. 생산 라인에 적용돼 조립, 검사, 포장 등 전 공정의 자동화를 구현하고 있다. 이를 위해 LS산전은 2011년부터 약 4년간 200억 원 이상을 투자해 단계적으로 스마트공장을 구축해 왔다. LS산전은 ICT와 자동화 기술을 접목해 다품종 대량 생산은 물론 맞춤형 소량 다품종 생산도 가능한 시스템을 완벽하게 구축했다. LS산전은 스마트공장을 구축해 생산성 측면에서는 설비 대기 시간이 절반으로 줄었고 생산성은 60% 이상 향상됐다. 저압기기 라인은 38개 품목의 1일 생산량이 기존 7,500대 수준에서 2만 대로 확대돼 생산 효율이 대폭 개선됐다. 에너지 사용량 역시 60% 이상 절감됐으며, 불량률도 글로벌 스마트공장 수준인 6PPM(백만분율)으로 급감했다. 필요한 작업자 수도 라인당 절반으로 줄어 신규 사업 라인에 재배치하는 등 경영 효율성에도 크게 기여하고 있다.

【그림】청주에 위치한 LS산전의 스마트공장 내부 전경(출처: LS산전)

3) 중국 백산수 공장

2015년 농심은 중국 지린성의 백산수 공장에 스마트한 제조설비를 구축했다. 온라인 센서를 통해 전수 검사 체계를 갖추고 있으며, 한국 본사에서도 실시간 공장의 상황을 알 수 있으므로 중국 현지와 한국 본사에서 협의하여 피드백하여 준다.

4) 넥센타이어 공장

2012년 가동을 시작한 넥센타이어 창녕 공장은 타이어 공장 중 가장 첨단화된 공장이라는 호평을 받고 있다. 타이어 제조 공정은 일반적으로 분진, 가스 발생 등으로 인해 환경이 좋지 않은데 창녕 공장은 이런 부분들을 자동화 설비로 대체하여 제조 환경을 혁신적으로 개선했다는 평가를 받고 있다.

1.3 스마트공장 구축 수준

스마트공장을 구축하려면,

① 현 수준 진단 및 평가: 정확한 현황 파악 후 수준에 맞는 목표 및 개선점을 발굴한다.

② 목적 및 목표 설정: 명확하고 구체적으로 목적 및 목표를 설정한다.

③ 개선 대상과 범위 확정: 언제까지 얼마나 개선할지 설정한다.

④ 필요 기능과 적용 기술 확정: 어떤 기능을 어떻게 개선할 것인지 결정한다.

⑤ 필요 인력 조직화: 전담으로 업무를 담당할 인력을 조직화한다.

⑥ 구현 계획 실행

⑦ 검증 기대성과 분석: 전 과정에 걸쳐 지속적인 검증 실시

현 수준 진단 및 평가를 위해 스마트공장 추진단에서는 [표]와 같이 5단계로 가이드가 제시되어 있다.

【표】 스마트 공장 수준 총괄도

구 분	현장자동화	공장운영	기업자원관리	제품개발	공급사슬관리
고도화	IoT/IoS화	IoT/IoS기반의 CPS화		빅데이터/설계·개발 가상시뮬레이션/3D프린팅	인터넷 공간 상의 비즈니스 CPS 네트워크 협업
		IoT/IoS(모듈)화 빅데이터 기반의 진단 및 운영			
중간 수준2	설비제어 자동화	실시간 공장제어	공장운영 통합	기준정보/기술정보 생성 및 연결 자동화	다품종 개발 협업
중간 수준1	설비데이터 자동집계	실시간 의사결정	기능 간 통합	기준정보/기술정보 개발 운영	다품종 생산 협업
기초 수준	실적집계 자동화	공정물류 관리(POP)	관리 기능 중심 기능 개별 운용	CAD 사용 프로젝트 관리	단일 모기업 의존
ICT 미적용	수작업	수작업	수작업	수작업	전화와 이메일 협업

(1) 기초 수준

기초적인 ICT를 활용하여 생산 일부 분야의 정보를 수집·활용하고, 모기업 인프라 활용 등을 통하여 최소 비용으로 자사의 정보 시스템을 구축하는 수준이다.

1) 현장 자동화

생산 실적 정보를 집계할 수 있는 자동화 수준으로 Lot별로 생산 시작 및 종료 시점 등의 기초적인 실적 정보를 집계하는 수준으로 바코드, Counter와 Timer 등의 기초 센서가 이용될 수 있다.

2) 공장 운영

공정 물류관리(POP) 수준으로 자재와 제품 생산 이력이 관리되고 역추적이 가능(Lot-tracking)하며 생산 실적관리 및 작업 지시로 운영된다.

3) 공급사슬 관리

모기업의 IT 인프라를 활용하여 정보를 공유하고 자기업은 자신의 시스템을 보유하지 않으며 모기업이 보유하는 시스템을 사용하여 모든 정보를 처리한다.

4) 제품 개발

제품 개발 프로젝트 관리만 수행하는 수준으로 개발이 진행된다. (복수 프로젝트 관리 포함)

5) 기업 자원 관리

수불(자재의 입고와 출고) 및 재고 정도 향상된다.

(2) 중간 수준 1

설비 정보를 최대한 자동으로 획득하고 모기업과 고신뢰성 정보를 공유하여 기업 운영의 자동화를 지향하는 수준이다.

1) 현장 자동화

생산 실적 정보 및 계측 정보 집계가 자동화되고 측정 센서를 통해 인장 강도, 정밀도, 온습도, 압력, 화학 측정 등을 계측한다.

2) 공장 운영

실시간 공장 운영 현황 분석 및 의사결정이 가능하고 공장 운영 상태를 실시간으로 모니터링한다. 또한, 실시간 공정 품질분석 및 경고하는 수준이다.

3) 공급사슬 관리

모기업과 영업, 생산, 품질 정보 등을 공유하되 독자적으로 정보 시스템을 운영하는 독립형 협업이 이뤄지고 있다.

4) 제품 개발

제품 개발을 위한 기준 정보와 엔지니어링 정보를 생성하는 수준이다.

5) 기업 자원 관리

공장 운영 시스템과 자동 생산 계획의 연계를 통해 계획과 원가의 정도 향상한다.

(3) 중간 수준 2

모기업과 공급사슬 관련 정보 및 엔지니어링 정보를 공유하며, 글로벌 계획 최적화와 제어 자동화를 기반으로 Real-time Enterprise를 달성하는 수준이다.

1) 현장 자동화

생산 실적 및 계측정보 집계를 자동화한다. CAD/CAE/CAM이 운영되고 레시피 생성 및 PLC 제어 생산 실적 및 계측 정보 집계가 자동화된다.

2) 공장 운영

공장 운영 제어 기반의 공장 운영이 최적화되고 실시간으로 스케줄링 및 의사결정된다. 주기적 분석 및 피드백을 통한 가치 창출형 공장을 경영하고 있다.

3) 공급사슬 관리

모기업과 영업, 생산, 품질 정보와 제품 개발 정보를 공유하되 독자적으로 정보 시스템을 운영하는 독립형 협업되고 있다.

4) 제품 개발

제품 개발을 위한 기준 정보와 엔지니어링 정보가 스마트공장과 자동적으로 연동되어 추가 작업이 필요치 않고 일관성 있게 자동화를 지향하는 수준이다.

5) 기업 자원 관리

제품 개발 시스템 연계, KPI(Key Performance indicator, 핵심 성과 지표) 개발 운영, 대시보드(dashboard, 한 장소에 다양한 정보를 동시에 모음)를 이용한 눈으로 보는 경영

(4) 고도화 수준

사물과 서비스를 IoT/IoS(Internet of Things/Internet of Service)화하여 사물, 서비스, 비즈니스 모듈 간의 실시간 대화 체제를 구축하고 사이버 공간상에서 비즈니스를 실현하는 수준이다.

1) 현장 자동화

설비, 자재 등의 사물에 고유 식별자를 부여하고 이들의 활동을 식별하며 인터넷(IP)을 이용한 사물 식별 및 사물 간의 대화를 통해 자동화가 구현된다.

2) 공장 운영 및 관리

가상 물리 시스템으로 공장을 구현하여 공장의 모듈화 및 IoT화되어 있다. IoT화된 설비/자재/공정/활동/공장의 식별 및 IP를 이용한 사물 간 대화가 가능하다. IP를 이용한 가상 환경하에서 공장이 운영된다.

빅데이터를 이용한 기업 진단 및 운영이 최적화되어 있고 시장 동향 분석 및 신제품 개발 활용된다.

단일화된 기업 경영 시스템에서 기업 자원 관리를 통해 제품을 개발한다.

3) 공급사슬 관리

가상 물리 시스템(CPS) 기반의 협업을 통해서 IoT와 IoS를 통한 설비, 공정, 공장 등의 자유로운 선택 및 비즈니스 활동이 이뤄지고 제품 개발부터 완제품까지, 자재

구매에서부터 유통까지, 생산에서부터 폐기까지 인터넷 공간상의 경영이 이뤄진다.

1.4 스마트공장 기술

(1) 5G 시대의 기술

1G 시대는 1984년에 벽돌 크기보다 큰 아날로그 무선전화기가 처음 출시되면서 시작되었다. 휴대폰이 너무 커서 벽돌 휴대폰이라고 불리기도 했지만 당시에는 가격이 워낙 고가였기 때문에 일부에서는 부의 상징으로 인정되기도 하였다. 2G 시대는 아날로그 무선통신을 탈피하고 1996년에 CDMA 등의 방법을 활용한 디지털 휴대폰이 등장하면서 시작되면서 이때부터 문자 송·수신이 가능하게 되었다. 3G 시대는 2003년부터 사진 등의 영상통신이 가능하게 되었다. 4G 시대는 2011년 스마트폰이 출현되면서 동영상 통신이 자유롭게 되었으며 특히 게임이 활성화된 시기이다.

5G 시대에서의 통신 속도는 초고화질의 영화 한편을 1초에 전달할 수 있는 속도이다. 4G 시대에서의 LTE(Long Term Evolution)는 2GHz(2Giga Hertz) 이하의 주파수 대역을 사용하지만 5G 시대에서는 28GHz의 초고주파 대역을 사용한다.

4G 시대에서는 75Mbps(Mega bits per second) 이하의 통신 속도였지만 5G 시대에는 20Gbps(Giga bits per second)을 실현할 수 있게 된다. 5G 시대의 전송 속도는 4G 시대보다 200배가 넘는 속도이다.

5G 시대의 전송 속도는 꿈의 속도이다. 가상현실, 증강현실 그리고 혼합현실을 전송하고 수신하기에는 엄청나게 많은 정보량을 주고받아야 하기 때문에 상상 이상의 빠른 인터넷 통신 속도가 필요하게 된다. 5G 시대는 세계의 새로운 통신규약이 확정되는 2020년부터 시작되는 것으로 알려져 있지만 이미 2015년부터 시작되었다는 주장도 있다.

5G 시대에서 절대적으로 필요한 기술을 선점하기 위한 각국의 노력들이 매우 치열하다. 2020년에 확정될 국제 통신 규격의 표준을 선점하게 되면 글로벌 시장을 장악하는 데 매우 유리하기 때문이다. 한국을 비롯하여 미국, 중국, 일본, 유럽연합 등에서 매우

활발하게 5G 시대의 인터넷 통신 기술을 연구하고 있다. 특히 한국의 경우에는 2018년 2월 평창에서 개최되는 동계올림픽에서 5G 기술과 가상현실을 실험 방송을 했다.

　[표]는 통신 속도의 세대별 발전 상황을 보여 주고 있다.

【표】 IT 기술 트렌드의 변화

	1G	2G	3G	4G	5G
현상	아날로그무선통신	디지털 문자 통신	영상 통신	동영상 통신	가상현실 통신
통신 속도	10Kbps	9.6~64Kbps	2~3Mbps	50Mbps ~75Mbps	100Mbps ~20Gbps
연도	1984년~	1996년~	2003년~	2011년~	2020년~
모바일 형태	벽돌 휴대폰	휴대폰 보편화	인터넷 접속	모바일 게임	모바일 원격조정

(2) RFID 기술

　RFID(Radio Frequency Identification)는 무선주파수(RF : Radio Frequency)와 극소형 반도체 칩을 활용하여 식품, 동물, 식물, 사물 등의 정보를 관리할 수 있는 기술을 의미한다. 종전의 바코드는 바코드에 내재되어 있는 정보를 수정할 수 없지만 RFID는 반도체로 만들어져 있으므로 내재되어 있는 정보를 수정하고 삭제할 수도 있다. RFID는 활용할 수 있는 분야가 무궁무진하다. 도난 혹은 복제 방지, 도서 출납 이용, 유통 체인 관리, 대중교통 요금 징수, 동물 추적, 자동차 안전, 출입 및 접근 통제, 전자요금 징수, 생산 관리 등의 분야에서 각종 센서로 활용될 수 있다. 최근 대부분의 신축 아파트 단지에서는 RFID 주민카드를 지급하여 주민들의 여러 가지 편의시설 활용 및 비용 관리를 하고 있다.

　RFID는 유통 분야에서 기존의 바코드를 대체할 수 있는 차세대 기술로 인식되어 왔지만 최근에는 사물에 RFID를 심어서 사물들 간의 대화가 가능하게 하는 사물인터넷에서 반드시 필요한 중요한 역할을 하게 될 것으로 보인다. RFID는 스마트 태그, 전자 태그, 전자 라벨, 무선 식별 등의 이름으로도 불리고 있으며 사물에 심어져 있는 작은 컴퓨터로도 불리고 있다. RFID는 이미 우리 생활 주변 가까이에서 활용되고 있다. IC카드에는 모두 극소형 반도체인 RFID가 내장되어 있다.

RFID는 가까이에서 접촉 혹은 스캐닝을 통해서 정보를 일을 수 있는 바코드와는 달리 원거리에서도 정보를 주고받을 수 있다. RFID에 내재되어 있는 정보를 읽고 수정하거나 폐기할 수 있는 것은 주파수를 활용하기 때문이다. RFID는 주파수에 따라 정보가 다르게 하여 빠른 정보 인식이 가능하도록 하였으며 파손되는 등의 물리적 변화가 없으면 영구적으로 이용이 가능한 장점도 있다.

(3) 사물인터넷(IOT) 기술

사물인터넷은 사물과 사물 간의 대화를 나눌수 있게 하는 것이다. 사물인터넷을 활용하여 세상에 존재하는 모든 것들을 연결할 수 있다. 사물인터넷의 기술이 발전되고 활용되고 있기 때문이다.

사물인터넷의 중요한 수단은 RFID이다. 사물에 심어져 있는 반도체 칩인 RFID가 서로의 이야기(정보)를 주고받을 수 있다. 이때 사물을 소유하고 있는 사람의 의지와는 무관하게 사물들 간에 대화를 하는 경우가 빈번하게 된다. 물론 사물들은 사람의 편의와 행복을 위한 방향으로만 대화를 해야만 할 것이다. 인간이 개입하지 않고서 사물들 간에 대화로 연결되는 인터넷 세상을 사물인터넷이라고 한다.

사물인터넷은 RFID와 센서로부터 시작된다. 사물인터넷은 RFID의 활용도가 매우 많지만 RFID 이외에도 수많은 센서가 연결되어야 한다. 미래의 4차 산업혁명을 대비하고 있는 기업들은 센서에 관련하여 많은 투자와 연구를 진행하고 있다.

다양한 센서들과 RFID의 연결이 사물인터넷의 기본이 될 것으로 생각된다. 생활 주변의 예를 들어 보면, 한 직장인이 아침 6시에 일어나기 위해서 스마트폰의 알람을 설정했다고 가정해 보자. 잠이 들고 난 뒤 밤새 눈이 많이 온 것을 감지한 날씨 센서는 내부의 RFID를 통하여 스마트폰의 알람으로 눈이 온 정도를 알려주고 출근 시간을 감안하여 5시 25분에 집안의 전등불을 켜고 커피포트의 전원을 켜서 커피를 끓일 준비를 한다. 그리고 주인이 현관문을 열고 출근하게 되면 집안의 모든 전기는 꺼지게 되고 가스는 안전 모드로 전환된다.

위의 사례를 보면 주위의 사람이나 주인의 의지와는 관계없이 사물들 간의 대화만으로 의사결정을 하고 결정에 따른 행동을 실현하게 된다. 사물인터넷은 사람의 생각을 무시하거나 반영하지 않는 것이 아니고 사람들의 편의와 행복을 위한 의사결정을 해야만 할 것이다.

사물인터넷에서 센서 기술은 우리가 상상할 수 있는 모든 분야에 해당된다고 해도 과언이 아닐 것이다. 센서 기술을 확보하지 않고서는 사물인터넷을 확보하기 어려울 것이다. 센서 기술이 필요한 분야의 예를 들어 보면 동작, 위치, 방향, 근접, GPS, 중력, 가속도, 선형가속도, 자이로, 회전벡터, 온도, 조도, 기압, 습도 등을 인식할 수 있는 분야들이 있다. 매우 다양하고 수많은 센서 기술들이 RFID 기술과 융합되어서 사물인터넷이 시작될 수 있을 것이다.

사물인터넷은 각종 사물에 센서와 통신 기능을 내장해 인터넷에 연결하는 기술이다. 인터넷이 태동하던 시기인 1980년대에 이미 이러한 용어와 개념이 나타나기 시작했다. "사물인터넷은 사람과 프로세스와 기술이 연결 가능한 디바이스들과 센서들을 통해 통합되는 것이다. 이를 통해 원격 상태 모니터링, 조종, 평가들이 가능해진다."

최근에는 이러한 사물인터넷의 산업적 관점에서의 활용성이 부각되면서 사이버 물리 제조 시스템과 스마트공장의 구현에 반드시 필요한 기술적 기반이 되고 있다. "사물인터넷은 네트워크 인프라를 통해 객체들이 센싱되고 원격으로 제어되는 것을 가능하게 한다. 이것은 물리적 세계가 컴퓨터 기반의 사이버 시스템으로 더 직접적으로 통합될 수 있는 기회를 만들어 준다. 이를 통해 효율과 정확도와 경제적 이익의 증대를 가져올 수 있다."

스마트공장에서 사물인터넷은 제조에 관여하는 4M인 사람, 기계, 자재, 방법을 연결시켜 주는 인프라 스트럭처의 역할을 한다. 이를 통해 공장 내 데이터와 정보의 초고속 교환이 가능해지고 제조 운용의 효율성과 유연성이 극대화될 수 있다.

(4) 스마트 센서

센서란 외부 환경(온도·압력 등)을 감지해서 상위 시스템이 필요로 하는 데이터를 전기적 신호로 변환하는 장치로서 시스템의 감각기관 역할을 한다.

스마트 센서는 첨단 소재와 공정기술 등의 접목으로 감지 기능이 획기적으로 개선되거나 자동 보정, 자가 진단, 의사결정 등이 가능한 지능형 센서를 통칭한다.

물리적 환경으로부터 입력을 받고 마이크로프로세서로 구현된 내장형 컴퓨터를 사용해 사전에 정의된 기능을 자체적으로 수행하는 디바이스이다. 종래의 센서들은 물리적 측정 값들을 전달하는 기능에 치중했다. 반면에 스마트 센서의 중요한 차이는 측정된 데이터를 자체적으로 처리해 필요한 정보를 추출하는 지능적인 기능이 내장돼 있다는 것이다. 센서, 마이크로프로세서, 통신 장치는 스마트 센서를 구성하는 최소한의 구성 요소들이다. 조금 더 발전된 스마트 센서는 여기에 더해 변환기, 증폭기, 아날로그 필터와 보상기 등을 비롯해 데이터 변환 디지털 프로세싱과 같은 소프트웨어 기능들이 탑재된다.

많은 전문가가 스마트공장의 구현에 가장 중요한 역할을 하는 분야로 센서 기술을 꼽는다. 스마트공장은 다양한 데이터를 취합하고 그에 기반한 자율적 의사결정을 하는 사이버 물리 시스템들로 구성된다. 스마트 센서는 이러한 데이터 취합의 시작점이기 때문이다.

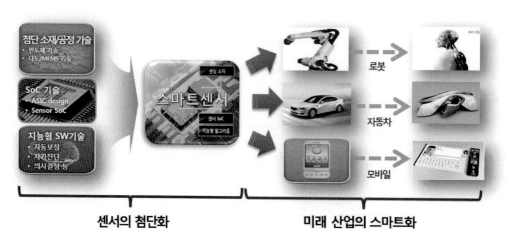

【그림】 스마트 센서 소개, 스마트센서기술센터

(5) 자율 협동 로봇

로봇은 스마트공장을 실현하는 중요한 도구이다. 1990년대 이후 로봇 기술은 생산성, 유연성, 다양성, 안전성, 협동성 등에서 많은 발전이 있었고 이미 다양한 환경과 기능을 위해 사용되고 있다. 21세기에는 모든 사람의 가정과 직장과 사회적 인프라에 전파될 것이다. 스마트공장에서는 산업용 로봇이 기계를 만드는 시대가 되는데 인간이 배제된 완전한 무인화를 추구하지 않는다. 인간과 로봇이 협업하는 하이브리드 팀워크를 지향한다. 이들 로봇은 많은 센서를 장착하고 무게가 가벼워서 인간과의 충돌을 회피하거나 충돌이 발생하더라도 부상의 위험이 없다.

이러한 로봇의 예로서 쿠가의 경량 로봇 LBR과 ABB의 산업용 양팔 로봇 유미가 있다. 이들 로봇을 사용하면 더 이상 로봇의 작업 구역을 안전 장벽으로 구분할 필요가 없다. 인간과 로봇의 경제적이고 생산적인 협동이 가능해진다. 단순하거나 큰 힘이 필요한 일은 로봇이 담당하고, 복잡하고 창의적인 일은 인간이 담당하는 것은 스마트공장에서 당연한 모습이 될 것이다.

(6) 적층 가공 3D 프린터

적층 가공은 쾌속 조형부터 시작돼 점차 그 적용 영역을 넓히고 있다. 초기에는 플라스틱 소재만 사용 가능했고 만들어진 물체의 기계적 특성과 온도적 안정성이 제한적이었다. 최근에 3D 프린터 붐이 일어나면서 다양한 연구개발이 전 세계적으로 활발하게 일어나고 있다. 현재는 매우 다양한 파우더 소재가 개발됐다. 포토폴리머, 고무, 세라믹, 시멘트, 금속합금, 종이 등이 있다. 소재 개발과 레이저 열원의 발전, 형상 정밀도 및 생산성의 개선에 따라서 직접 제품의 생산에 적용되는 비중이 증대되고 있다. 스마트공장에서는 원하는 부품을 신속하고 유연하게 생산하는 기계가 중요하다. 3D 프린터를 사용하면 프로토타입의 개발이 필요 없고 금형도 줄이는 등 설계 데이터를 부품으로 바로 전환해 신속하게 만들어 내는 장점이 있다. 따라서 고객 맞춤형 생산을 위한 좋은 도구가 될 수 있다.

(7) 스마트 물류

스마트공장에서는 내부 및 외부 공급망에 대한 가시성을 더 확보할 것이다. 내부 소재, 부품, 재공품의 흐름에 대한 정보는 모바일 로봇, 스마트 피킹, 스마트 빈, 모바일 선반, 스마트 라벨 등의 장치를 통해 수집하고 추적된다. 부품 부족을 막고 적정한 재고가 유지되고 외부의 주문에 대한 진행 상황은 항상 추적 가능해진다. 제조 스케줄은 더 치밀하게 조립 공정과 연동되고 과도한 생산은 최소화된다. 모바일 로봇은 제조 공정들 사이의 재료와 부품의 흐름을 신속하고 원활하게 수행한다. 최신 기술은 모바일 로봇과 피킹 시스템이 통합된 로봇 시스템 등 다양한 형태의 자율 주행 로봇을 구성하는 것이 가능하다.

(8) 스마트공장 네트워크

스마트공장의 네트워크는 제조 시스템과 공정 제어 시스템의 감시와 제어에 사용되는 네트워크를 말하여 사용자는 공정을 감시하고 제어하는 기기이다.

서버를 중심으로 많은 데이터를 중앙 집중식으로 취합하고 관리하기 위해서는 보다 안전하고 유지 보수가 편리한 산업용 네트워크의 도입은 필수적이다.

스마트공장의 다양한 장비 간에 운용성 보장은 중요하다. 공장의 운영자, 소비자 및 이해관계자는 하드웨어나 소프트웨어를 직접 구입하여 사용하는 것이 가능하며, 서로 다른 공장 환경으로 서비스를 바꿀 때에도 기존에 구매한 제품들의 재활용이 가능할 수 있기 때문이다.

공장 환경에서는 기존 산업 환경에서 널리 사용되고 있는 산업용 통신망을 수용할 수 있어야 한다. 산업 환경에서 흔히 필드버스라고 불리는 실시간 자동화 네트워크가 사용되고 있으며, 최근에는 실시간 고속 제어가 가능한 실시간 이더넷(RTE: Real-time Ethernet) 기술도 보급되고 있다.

기존 산업용 통신을 수용함으로써 공장 관리에 필요한 센서와 구동기들을 최소한의 투자로 설치 운용할 수 있으며, 기존에 설치된 기기들을 활용할 수 있는 장점이 있다. 또한, 유선 네트워크를 설치하기 힘든 지역이나 배선이 되어 있지 않은 현장을 위해 무선 기술이 필요하며, 산업 환경에 적용할 수 있는 산업용 무선통신을 이용하여 요구사항을 만족시킬 수 있다.

실시간 이더넷 솔루션을 구축하는 방법에는 3가지가 있다.

① TCP/IP 기반: 프로토콜은 상위 계층에 실시간 메커니즘 층으로 된 표준 TCP/IP 를 기반으로 한다. 이러한 솔루션들은 대부분 성능이 한정되어 있다.

② 표준 이더넷: 프로토콜은 표준 이더넷 계층 위에서 구현된다. 이러한 솔루션들은 추가적인 투자 없이도 이더넷의 발전으로 혜택을 얻을 수 있다.

③ 개선된 이더넷: 표준 이더넷 계층, 이더넷 메커니즘 및 인프라가 모두 개선되었 다. 이러한 솔루션들은 표준 준수 전에 성능을 우선시한다.

1) 산업용 유선통신

산업용 유선통신은 기존 필드버스(Fieldbus)의 강점과 일반 이더넷(Ethernet)의 강점을 고려한 산업용 이더넷 기술이다. 필드버스는 배선의 편의성과 소량 데이터 처리 능력이 탁월하며 무엇보다 가격 경쟁력에 검증된 기술이라는 점에서 많이 사용되고 있는 산업용 통신 기술이다. 하지만 통신 미디어 및 호환성이 부족하고 증가하는 응용 요구에 대응하지 못하며 무엇보다 속도에 제약(12~16Mbps)이 있고 이중화 기능 구현이 취약하다는 단점이 있었다.

이에 반해 이더넷은 고속의 전송 속도(10M~10Gbps)에 통신 미디어 호환성이 있고 일반인에게 친숙한 주류 기술이라는 강점이 있으나 토폴로지가 취약하고 비결정 론적, 외장 스위치 및 허브가 필요하다는 단점이 있다.

산업용 이더넷은 고속의 전송 속도에 통신 미디어 호환성은 물론 리니어/링/메시 구조 토폴로지로 토폴로지 취약성을 보완했다. 특히 강력한 리던던시(redundancy) 기능에 1ms 레벨의 실시간 통신, 1us 레벨의 시간 동기화 기능으로 단점을 보완했다.

이에 따라 기존 시리얼 통신 기반에서 산업용 이더넷 기반이 널리 사용되고 있다. 개발이 편리하고 호환성을 고려한 기본 이더넷 기술에서 성능, 이중화, 안전을 고려한 기술로 이동하고 있다.

【표】 필드버스와 이더넷 비교

	필드버스	이더넷
강점	• 배선의 편의성 • 비트/바이트와 같은 소량 데이터 처리 능력 탁월 • 가격 경쟁력 • 검증된 기술 • 다양한 회사의 디바이스 호환	• 고속의 전송 속도(10M~10Gbps) • 통신 미디어 호환성 • 일반인에게 친숙한 네트워크 • 하나의 네트워크 기술 • Mainstream 기술
약점	• 통신 미디어 및 호환성 부족 • 많은 응용 요구 증가(진단 기능) • 속도 제약 12~16Mbps • 리던던시 기능 구현 취약	• 토롤로지 취약 (배선 불편/비용 증가) • Non-deterministic (비결정론적) • 외장 스위치, 허브 필요

2) 산업용 무선통신

광대역 혹은 네트워크 케이블 설치가 힘든 환경에서 무선 네트워크 솔루션을 통하여 설치 운영 비용 절감하기 위한 목적과 정비자가 접근하기 힘든 위험한 환경에서 안전한 시스템 접근을 위해 무선통신 환경을 구축한다.

센서/엑추에이터 무선 네트워크는 게이트웨이를 통해 필드 레벨에서 동작하는 센서 엑추에이터 노드를 모니터링한다.

산업용 무선 통신은 6가지 활용 사례를 중심으로 필요성이 대두된다.

① 운영 기기 주변에 있는 작업자의 안전

② 석유 탱크 집합 지역에서 레벨 모니터링과 알람

③ 모바일 무선 장비 필드 작업자 지원

④ 모니터링과 회전하는 기기의 분석

⑤ 기름 유정 모니터링과 제어

⑥ 많은 노드가 있는 공장 자동화를 위한 몇몇 애플리케이션 등

무선통신 분야는 802.11을 기반으로 한 Wi-Fi 기술과 802.15.4 기반 기술이 있다. IEC에서 주파수 대역은 산업 환경을 고려하여 대역폭(80MHz), 주파수(1.4GHz~6GHz)를 검토하고 있다. 지멘스, 로크웰, 미쓰비시, 슈나이더 등의 전문 업체들의 적용 기술을 보면 WLAN과 블루투스가 상당한 비중을 차지하고 있는

것으로 나타났다. 이 무선 기술들은 제어용보다는 모니터링 목적으로 주로 활용되었다.

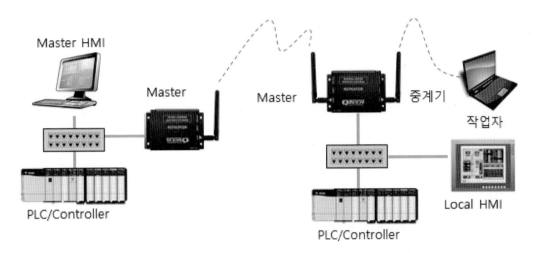

【그림】 산업용 무선통신 구성 예

【표】 WLAN과 WPAN 비교

구분	블루투스	IEEE 802.15.4	IEEE 802.11a/b/g
통신 거리	10(50~100m)	10m	50~100m
최대 전송 데이터	723Kbit/s	〈 125Kbit/s	30.6Mbit/s(Ethernet) 2.6Mbit/s(60bytes payload)
전력 소모	낮음	매우 낮음	중간
데이터 주기성	있음(polling 알고리즘에 의존)	있음	DCF: 없음, PCH: 있음 (필터포함), HCF: 있음
재전송	있음	있음	있음
FEC	구현 가능	없음	없음
노드 개수	8	2~65,000	
주파수 대역	2.4GHz ISM	868MHz, 902-929MHz, 2.4GHz ISM	5-6GHz/2.4GHz/2.4GHz
물리 계층	FHSS/AFH	DSSS	OFDM/DSSS

3) 모드버스

모드버스(modbus)는 1997년 모디콘(Modicon, 현재 슈나이더 일렉트릭)이라는 회사에서 만든 시리얼 통신 프로토콜이다. 제조공장의 기계들을 자동화하고 제어하는 목적으로 사용되는 PLC들과 통신할 목적으로 만들어졌다. 프로토콜이 단순하지만, 장비 제어와 모니터링에 필요한 기능들을 수행할 수 있기에 사실상의 표준 프로토콜로 널리 사용되고 있다.

모드버스는 산업용 통신 프로토콜로 개발되었고 프로토콜이 공개되어 무료로 사용할 수 있으며 설치와 유지 보수가 편리하고 비트 단위 또는 워드(16bits) 단위로 정보 조작이 가능한 특징을 갖고 있다.

모드버스는 약 240개의 장비들을 서로 연결할 수 있다. 예를 들면, 온도와 습도를 측정하는 여러 장비들이 모니터링 서버로 현재 상태를 보고하도록 할 수 있다. 일반적으로 서버에서 센싱 장비들에게 질의를 보내고 장비들은 이에 대해 응답하는 형태로 동작한다. SCADA(Supervisory control and data acquisition) 시스템에서도 모니터링 서버와 리모트 터미널 유닛(RTU, remote terminal unit, 원격 터미널 장치)을 연결하기 위해 모드버스를 자주 사용한다.

4) OPC UA

OPC는 자동화 분야에서 일반적으로 사용되는 통신 표준이다. OPC는 원래 프로세스 제어용 OLE를 의미했으며, 주요 용도는 SCADA 및 HMI 시스템을 자동화 기기에 연결하는 것이다.

OPC는 기본적으로 클라이언트-서버 개념을 가지고 있다. 서버는 기계 등의 하드웨어로부터 신호 정보를 얻어 클라이언트에 그 신호를 제공하며, 구현된 클라이언트와 서버가 표준을 따르면 서로 다른 제조업체의 클라이언트와 서버라 할지라도 서로 통신할 수 있다. 단순히 신호값을 판독하는 것뿐만 아니라 제어장치에 변수를 기록하여 물리적 하드웨어를 제어할 수도 있다.

OPC UA(OLE for Process Control Unified Architecture)는 사용된 운영체제 및 프로그래밍 언어와 독립적인 특징을 가지고 있으며, 확장성, 고가용성 및 인터넷 기능을 제공한다. OPC UA는 제어 장치의 임베디드 시스템을 포함한 생산 분야의 PLC에서부터 기업용 서버의 MES 및 ERP에 이르기까지 다양한 시스템을 지원한다. 물론 이러한 시스템에서 요구하는 성능, 플랫폼 및 기능은 서로 완전히 다를 수 있다.

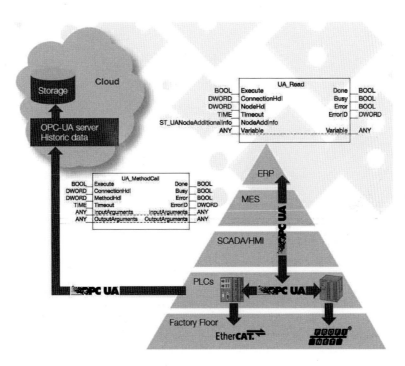

【그림】OPC UA 구성 예

02 장

스마트공장과 협동 로봇

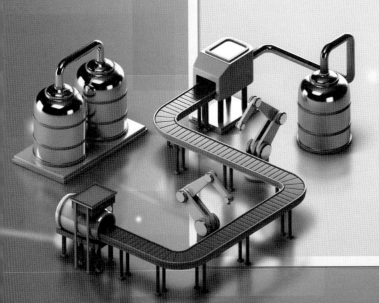

Chatper 02 스마트공장과 협동 로봇

2.1 협동 로봇 정의

　인간-로봇 협업 기술은 사람이 경험 및 직관, 창의적인 아이디어 등의 작업 지능을 담당하고 로봇이 강성, 지구력, 고속, 고정밀 성능 구현을 담당함으로써 고도의 작업 구현이 가능한 기술이다. 기존의 산업용 로봇 기술로는 아직까지 로봇에 완전한 작업 지능을 구현하기가 힘들기 때문에 그 중간 단계로써 사람과의 협력 작업을 구현하는 것이다.

　그 대표적인 예로 로봇의 말단 장치를 직접 손으로 잡고 로봇에 이동 경로를 지시하여 로봇의 반복 작업을 수행하게 해주는 직접 교시와 중량물 조립 시에 중량물의 무게감을 거의 느끼지 않고 로봇의 말단장치를 잡고 정밀 조립을 수행할 수 있도록 하는 협력 작업 등이 있다. 이 기술은 로봇 프로그래밍 등 사용법을 모르는 현장 작업자도 손쉽게 로봇을 활용할 수 있고, 다양한 작업으로 손쉽게 전환이 가능하여, 로봇 전문인력이 없고 다품종 변량 생산을 주로 하는 중소기업의 로봇 활용을 촉진시키고 작업 환경 개선과 생산 효율성 증대에 일조할 것으로 기대하고 있다.

　기존의 위치 기반 제어를 통하여 단순 반복 재생하는 로봇에서 인간과 로봇이 협력할 수 있는 로봇으로 그리고 궁극적으로는 독자적인 작업 지능을 갖고서 독립적으로 운용되거나 인간과 공존할 수 있는 로봇으로 개발되어 나아갈 것으로 예상된다.

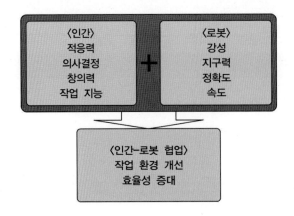

(1) 협동 로봇의 정의

협동 로봇은 인간과 로봇이 같은 공간에서 함께 작업하기 위한 협동 운용(collaborative operation) 조건을 충족하는 산업용 로봇으로 정의한다.(ISO 10218)

전통적인 산업용 로봇에서는 사용자의 안전을 고려하기 위해 로봇이 작동하는 동안 로봇의 작업 영역에 인간이 접근하는 것을 다양한 수단을 이용하여 철저히 배제했었는데 협동 로봇은 로봇과 사용자가 같은 공간에서 작업을 한다는 것이 가장 큰 차이점이다.

안전 펜스 없이 사람과 나란히 작업이 가능해짐으로써 협동 로봇은 실제 동작 과정에서 사람과 접촉 또는 충돌하게 되더라도 사람의 안전을 보장할 수 있도록 설계 및 제작되어 있다.

협동 로봇은 산업용 로봇에 안전 기능이 강화되어 인간과 같은 공간에서 공동 작업이 가능한 제조 로봇으로 공정 재배치가 용의하여 생산 유연성 증대 효과가 크다.

협동 로봇은 협동 방식에 따라 크게 4가지 카테고리로 분류할 수 있다.

① 안전 등급별 모니터링 중지(Safety-rated Monitored Stop): 작업 영역에 사람이 없을 경우에 한해서만 일반 산업용 로봇(non-collaborative robot)처럼 작동하는 로봇

② 핸드 가이딩(Hand guiding): 사람이 수작업 장치(handoperated device)를 사용하여 이용하는 로봇

③ 속도 및 분리 모니터링(Speed & Separation Monitoring): 로봇과 사람 사이의 거리를 모니터링하며, 안전거리를 확보하며 작업하는 로봇

④ 전력 및 영역 제한(Power & Force Limiting): 일정 값의 동력 또는 힘이 감지되면 로봇이 즉각 작동을 멈춤으로써 사람의 상해를 방지하는 로봇

1) 협동 로봇 구분

국가기술표준원은 협동 로봇을 산업용 협동 로봇과 바퀴형 이동 로봇으로 구분하는 국가표준(KS)을 제정하기로 했다.(2017년) 산업용 협동 로봇은 기존 제조용 로봇과 달리 인간과의 협동 작업을 하는 로봇으로, 동일한 작업장에서 조립, 핸들링, 포장 등을 수행하는 로봇이다.

바퀴형 이동 로봇은 바퀴를 사용하여 이동하는 로봇으로 안내, 재활, 물류, 전문 서비스 등 다양한 분야에서 활용된다.

산업용 협동 로봇은 협동 작업 시 인간과의 충돌 방지를 위해 로봇의 최고 속도를 250mm/s이하로 제한하고 동작 정확도, 반복 정밀도, 전자파 적합성 등의 성능을 규정하고 있다.

바퀴형 이동 로봇은 주행 상황에서 이동 불가, 낙하 등을 방지할 수 있는 구조 안정성 등의 요구사항을 규정하였고, 속도, 정지 거리, 최대 경사각 등 성능에 대해서는 제조사가 표시하도록 했다.

바퀴형 이동 로봇은 공항·전시관 등의 안내, 의료 재활용 휠체어, 건축물 경비, 물류 운반, 전문 서비스(절단, 배관 탐지) 등 다양한 분야로 확대되어 국내 산업 시장에도 파급 효과가 클 것으로 전망하고 있다.

2) 협동 로봇 주요 기술

협동 로봇은 경량화, 안전 로봇 시스템, 편리한 사용, 작업 지능 개발, 공정 개발, 표준화 기술들로 이뤄져 있다.

① 중력 보상 적용 로봇 설계 및 제작: 정격 동력 대비 기반 하중을 최대화할 수 있는 중력 보상 메카니즘을 적용하는 기술로 내장식 설계를 통해 보상 장치의 추가로 인한 로봇 부피 증가를 최소화하는 기술과 로봇의 신속한 조립 및 설치를 위해 기구부의 모듈화를 구현하는 기술이다.

② 저동력 액추에이터 제작: 로봇 경량화 및 소형화를 위해 저동력하에서 저속 고토크 성능을 확보하기 위해 액추에이터의 고출력, 고밀도화를 구현하는 기술로 액추에이터를 구성하는 센서, 구동 부품의 소형화가 필요하다.

③ 컴팩트 모터 제어기: 저동력 액추에이터에 내장될 수 있는 소형 및 모듈화가 가능한 모터 제어기를 개발하는 기술로서 배선, 전장 설치 및 유지 보수의 간편화를 위해 실시간 통신 방식이 필요하다.

④ 경량 안전 로봇 제어기: 고성능 멀티코어 프로세서, 실시간 OS 기반의 로봇 모션 제어, 작업 교시, 로봇 전용 프로그램 편집기, 해석기, 시뮬레이션 기능, 다양한 오류 검출 및 처리 등을 포함하는 협동 로봇 제어기를 개발하는 기술이다.

⑤ 충돌 감지 및 최소화 기술 개발: 로봇이 사람과 충돌했는지 감지하고 이에 대한 충격을 최소화하는 기술로 고가의 힘 센서를 사용해 구현할 수 있으나 센서를 사용하지 않고 모터의 전류 및 로봇의 기구적 상태 정보를 사용해 관절 토크를 추정하는 저가의 방법으로 개발된다.

⑥ 비접촉 충돌 방지 및 대응 기술 개발: 발생 가능한 로봇의 충돌을 사전에 방지하고자 작업물 이외의 장애물 또는 사람과의 접근을 감지해 로봇의 속도를 줄이거나 정지 또는 경로 변경을 하는 기술이다.

⑦ 직관적 교시 기술: 소형, 경량, 저가화를 고려해 사용자 친화적이며 직관적인 작업 교시가 가능한 인터네이스를 개발하는 기술이다.

⑧ 로봇 인식 지능 기술: 임의로 적재된 물체의 위치 검출 및 거리 추정을 통한 자동 물체 인식, 위치 및 자세 가변에 따른 기하학적 형태 변형에 대응할 수 있는 가변 물체 인식, 시점 변화 물체 영역 추적 및 거리를 추정하고 크기, 회전 변화

에 대응할 수 있는 동적 물체 인식, 사용자 위험 동작 인식 등 환경 및 모델 변화에 유연하게 대응할 수 있는 물체 인식 기술이다.

⑨ 신속한 설치 : 고해상도 비전 시스템을 기반으로 특정 마크 인식을 통한 로봇 자세 보정 알고리즘을 구현해 로봇의 사용 위치가 변경되어도 신속하게 보정하여 기존 교시점을 변경하지 않고 작업이 가능한 기술이다.

3) 협동 로봇 종류

기존 산업용 로봇 업체 및 협동 로봇 전문업체들은 제조 패러다임 변화에 따라 다양한 협동 로봇을 출시하면서 신규 시장을 창출하고 있다.

다음은 제조사별 협동 로봇의 종류이다.

Universal Robots

ABB Roberta

ABB Yumi

KAWADA Nextage

Rethink Robotics

Hanwha HCR-5

TechMan TM5

KUKA LBR iiwa

Bosch APAS

Yaskawa HC10

FANUC CR-35ia

FRANKA EMIKA

(2) 협동 로봇 도입 사례 및 적용 확대

GE사의 협동 로봇을 통한 생산성 향상 사례를 보면 협동 로봇을 적용하여 리소스가 낭비되거나 부가가치가 낮은 작업의 20~30%를 자동화할 수 있다고 한다.

공장 대부분의 조립 공정은 주로 사람의 수작업 공정으로 구성되어 있고 전체 조립 공정의 60~70%는 사람의 리소스가 낭비되거나 부가가치가 낮은 작업임에도 불구하고 산업용 로봇 시스템 도입 비용 부담이 커서 자동화 적용이 안 되고 있었다.

협동 로봇은 리소스가 낭비되거나 부가가치가 낮은 작업의 20~30%를 자동화가 가능하게 하였고 단순 반복 작업에 투입하고 숙련공은 보다 부가가치 있는 작업에 투입하여 기업의 제조 경쟁력 확보가 가능하게 되는 효과를 얻게 되었다.

1) 자동차 분야

의장 공정인 문짝 본딩(bonding) 작업에 협동 로봇을 적용하여 안전 펜스 없이 작업자와 협업하고 있다. 향후 품질 검사용 공정에도 확대 적용할 예정이다.

2) 가공 및 조립 분야

LED Lighting(가로등) 조립 공정에 협동 로봇을 적용하였다. 기존 공정 변경 없이 설치 운영하여 계절별 생산 물량 변동이 큰 플랜트 대상으로 도입 확대하고 있다.

3) 화징품 분야

향수 샘플 제품 포장(Boxing) 공정에 협동 로봇을 적용하였다. 컨베이어의 픽 앤 플레이스(pick & place) 작업에 활용 중으로 업무 변경이 많은 다품종 소량 생산 공정에 확대 적용하고 있다.

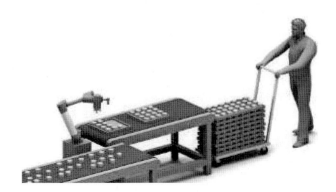

2.2 협동 로봇 특징

사용할 협동 로봇은 Universal Robots 회사(덴마크)의 UR3 모델이다.

이 로봇은 툴을 이동하고, 전기 신호를 사용하여 다른 기계와 통신할 수 있다. 팔은 확장된 알루미늄 튜브와 관절로 구성된다. 프로그래밍 인터페이스인 PolyScope를 사용하여 로봇을 프로그래밍하여 툴을 쉽게 원하는 궤도를 따라서 이동할 수 있다.

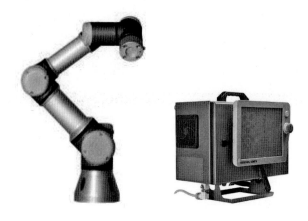

UR 로봇은 산업용이고, 도구 및 고정재 취급 또는 구성 요소와 제품의 공정 또는 이동에 사용한다. UR 로봇은 특별 안전 관련 특징이 장착되어 있고, 이는 협업을 목적으로 설계되었으며, 로봇은 펜스가 없거나 사람과 함께 작동한다.

협업 작업은 특정 상황의 위험 평가에서 툴, 작업 개체, 장애물, 기타 기계를 포함하는 완비 애플리케이션이 위험 평가에서 어떠한 상당한 유해도 없는 경우만을 위한 것이다.

의도된 용도에서 일탈한 사용 또는 적용은 용납할 수 없는 오용으로 간주한다.

이는 다음을 포함하지만 이에 제한되지 않는다.

- 잠재적으로 폭발적인 환경에서 사용함.
- 의료 및 생명 중시 애플리케이션에 사용함.
- 위험 평가 전에 사용함.
- 퍼포먼스 레벨 등급이 미달인 곳에서 사용함.
- 안전 기능의 반응 시간이 불충분한 경우에 사용함.
- 밟고 올라서기 위해 사용함.
- 허용 가능한 작업 매개변수 외부에서 작동함.

2.3 협동 로봇 구성

1) 협동 로봇 구성

PolyScope는 컨트롤박스에 부착한 터치스크린에서 실행된다.

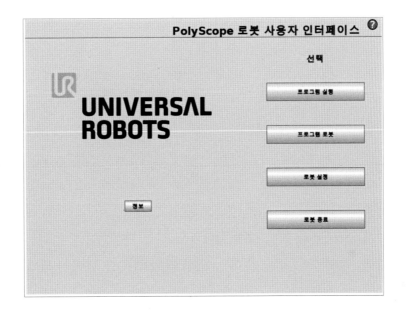

- 프로그램 실행: 기존 프로그램을 선택하고 실행한다. 이는 로봇팔과 컨트롤박스를 작동할 수 있는 가장 간단한 방법이다.
- 프로그램 로봇: 프로그램을 바꾸거나 새 프로그램을 생성한다.
- 로봇 설정: 비밀번호 설정, 소프트웨어 업그레이드, 지원 요청, 터치스크린 교정 등
- 로봇 종료: 로봇팔의 전원을 끄고, 컨트롤러 박스를 종료한다.

2) 화면 초기화하기

- 로봇팔 상태 표시
- 밝은 빨간색: 로봇팔이 현재 정지 상태라는 것을 나타낸다.
- 밝은 노란색: 로봇팔이 켜져 있지만, 정산 작업을 위한 준비가 되어 있지 않다.
- 녹색: 로봇팔이 켜져 있고, 정상 작업을 위한 준비가 완료된 상태이다.

3) 액티브 페이로드 및 설치

로봇팔을 켜면, 컨트롤러가 사용하는 페이로드 매스가 작은 흰색 텍스트 필드에 표시된다. 이 값은 텍스트 필드를 누르고, 새 값을 입력하는 것으로 바꿀수 있다. 이 값을 설정하는 것은 로봇 설치 페이로드를 수정하지 않으며 컨트롤러가 페이로드 매스를 사용할 수 있도록 지정할 뿐이다.

마찬가지로 현재 로드한 설치 파일 이름은 회색 텍스트 필드에 표시되어 있다. 텍스트 필드를 누르거나 그 옆의 로드 버튼을 사용하여 다른 설치를 로드할 수 있다. 반면에 화면의 아래쪽에 있는 3D 뷰 옆의 버튼을 사용하여 로드한 설치를 사용자 정의할 수 있다.

로봇팔을 시작하기 전에 액티브 페이로드와 액티브 설치가 로봇팔의 실제 상황에 대응하는지 확인하는 것이 중요하다.

4) 로봇팔 초기화

녹색 아이콘이 있는 큰 버튼은 로봇팔의 실제 초기화를 수행한다. 여기에 있는 텍스트와 이것이 수행하는 액션은 로봇팔의 현재 상태에 따라서 변경된다.

① 컨트롤러 PC가 켜진 다음에 버튼은 로봇팔을 켜기 위하여 한 번 눌러야 한다. 로봇팔은 그다음에 전원 켜짐으로 변하고, 그다음에는 유휴 상태가 된다. 비상 정지가되면 로봇팔을 켤 수 없고, 이 버튼은 사용할 수 없다.

② 로봇팔이 유휴 상태가 되면 버튼을 다시 한번 눌러서 로봇팔을 시작해야 한다. 이때 센서 데이터를 로봇팔의 마운팅 구성과 대조하여 점검하게 된다. 불일치 사항이 발견되면(허용오차 30) 버튼이 꺼지고, 오류 메시지가 그 아래에 나타난다.

③ 마운팅 확인에서 통과했다면, 버튼을 누르면 모든 관절 브레이크를 해제하고, 로봇팔이 정상작업 준비가 된다. 브레이크 해제 도중 로봇은 소리를 내고 약간 움직인다.

④ 로봇팔이 시작 후에 안전 제한을 위반하면 특별 복구 모드가 된다. 이 모드에서 버튼을 누르면 복구 이동 화면으로 전환하고, 로봇팔이 여기에서 안전 제한으로 돌아올 수 있다.

⑤ 장애가 발생하면 버튼을 사용하여 컨트롤러를 다시 시작할 수 있다.

⑥ 컨트롤러를 현재 사용할 수 없다면, 버튼을 누르는 것으로 시작할 수 있다.

⑦ 마지막으로, 빨간 아이콘이 있는 더 작은 버튼은 로봇팔을 끈다.

5) PolyScope 이동 탭

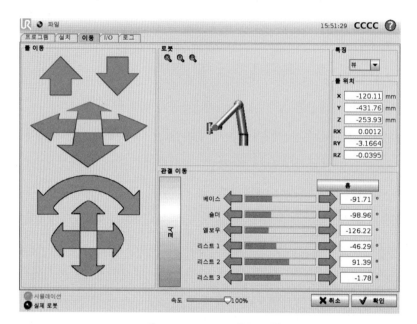

【PolyScope 이동 탭】

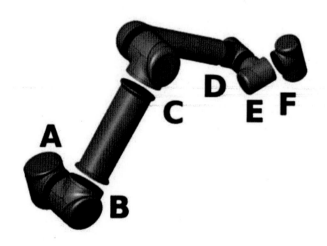

• A: 베이스, B: 숄더, C: 엘보우, D/E/F: 리스트1/2/3

6) 특징 및 툴 위치

① 화면 맨 위 오른쪽에 특징 선택기가 있다. 이는 로봇팔에서 어떤 특징을 제어할지 정의하고, 그 아래에 있는 상자는 선택한 특징에 대한 툴의 완전한 좌푯값을 표시한다.

② 좌표계 또는 관절 위치를 클릭하는 것으로 값을 직접 편집할 수 있다. 이를 통해 포즈 편집기 화면으로 이동하며, 툴 또는 대상 관절 위치를 위하여 대상 위치 및 자세를 지정할 수 있다.

7) 툴 이동

① 이동 화살(위)을 누르면 로봇 툴 팁을 표시한 방향으로 이동한다.

② 회전 화살(버튼)을 누르면 로봇 툴을 표시한 방향으로 바꾼다. 툴 센터 포인트 (TCP)는 회전 포인트로서 로봇 툴 끝에 특성 포인트를 주는 포인트이다. TCP는 작은 파란색 공으로 보인다.

8) 관절 이동

① 개별 관절을 직접 제어할 수 있게 한다. 각 관절은 □360+360 이동할 수 있으며, 이는 각 관절에서 수평 바로 표시되는 기본 관절 제한이다.

② 관절이 관절 제한에 도달하면 더 이상 구동할 수 없다. 관절 제한을 기본과 다른 위치 범위로 구성했다면 이 범위는 수평바에서 빨간색으로 표시된다.

9) PolyScope I/O

10) 컨피규어러블

컨피규어러블 I/O는 설치의 안전 I/O 구성 항목에서 특별 안전 설정을 위해 지정할 수 있다. 지정된 것은 기본 또는 사용자 정의 이름 대신에 안전 기능 이름을 갖게 된다. 안전 설정을 위해 지정한 컨피규어러블 출력은 끄거나 켤 수 없으며, LED만으로 표시된다.

11) 디지털 입력/출력

디지털 입출력은 System I/O로 입력 8점, 출력 8점을 지원하고 있다. 입력의 경우 LED만으로 입력 유무를 확인할 수 있으며, 출력은 강제로 켤 수 있고, 이때 LED가 점등된다. 다시 누르면 강제 출력이 OFF되며 LED가 소등된다.

12) 프로그램 실행 및 표시

새 프로그램은 템플릿 또는 기존 (저장한) 로봇 프로그램으로 시작할 수 있다. 템플릿
이 전체 프로그램 구조를 제공할 수 있으므로, 프로그램 정보만 추가할 필요가 있다.

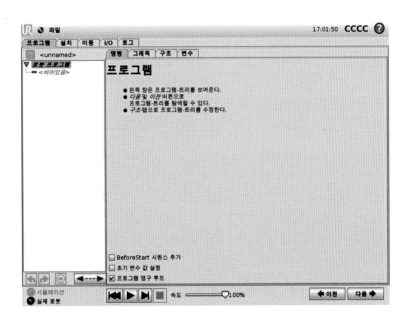

프로그램 탭은 현재 편집하는 프로그램을 표시한다.

13) 프로그램 실행 표시

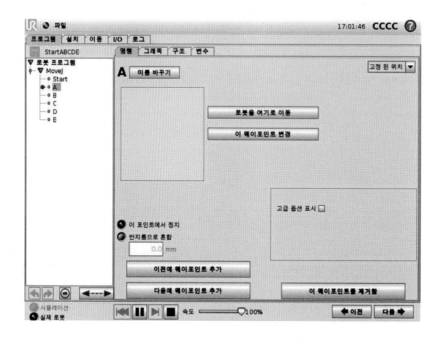

상기 이미지와 같이 프로그램을 작성한 후 재생 버튼을 누르게 되면, 로봇이 지정된 프로그램을 스캔하며 동작하게 된다. 동작 시, 실행 중 스탭에 청색으로 색상이 변경된다. 이때 일시 정지 버튼을 누르게 되면 로봇은 정지한다.

해당 프로그램 실행을 통해 장비 가동 전 프로그램 스탭별 동작을 확인할 수 있기 때문에 시운전 전 테스트 운전에 주로 사용된다.

(5) 협동 로봇 사용법

1) 명령: 이동

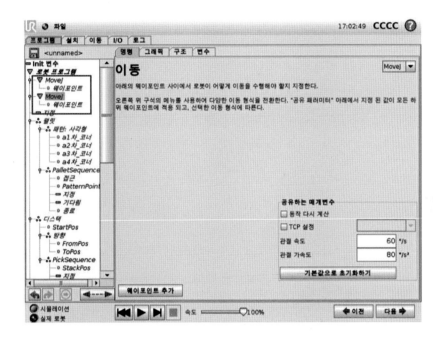

- moveJ: 로봇팔의 관절 공간 내에서 계산하는 이동을 생성한다. 각 관절은 동시에 원하는 종료 위치에 도달하기 위해 제어한다. 이 이동 형식은 도구에 대한 굽은 경로를 결과로 내놓는다. 이 이동 형식에 적용하는 공유 매개변수는 이동 계산을 위해 사용하는 최대 관절 속도 및 관절 가속도이다. 로봇팔이 빠르게 움직이는 것을 원한다면 웨이포인트 사이의 도구 경로를 무시하는 경우, 이 이동 형식이 가장 선호되는 선택이다.
- moveL: 웨이포인트 사이의 도구 이동을 선형적으로 만들어 준다. 즉 각 관절이 도구를 직선 경로를 따르게 만들게 하기 위하여 더 복잡한 동작을 수행한다는 의미이다.

  선택한 특징은 어떤 특징 공간에서 웨이포인트의 도구 위치가 표현될지 결정한다. 특징 공간에서는 변수 특징 및 변수 웨이포인트가 의미 있다. 변수 특징은 로봇 프로그램을 실행할 때 변수 특징의 실제값으로 웨이포인트의 도구 위치를 결정할 때 변수 특징을 사용할 수 있다.

- moveP: 원형 혼합을 사용하여 정속으로 도구를 선형적으로 이동하고, 접착 또는 분배와 같은 프로세스 작업이 그 용도이다. 혼합 반지름의 크기는 기본적으로 모든 웨이포인트 사이에서 공유하는 값이다. 원형 이동을 두 웨이포인트로 구성된 moveP 명령에 추가할 수 있다. 첫째는 원형인 호에서 경유점을 지정하고, 둘째는 이동의 끝점에 있다. 로봇은 현재 위치에서 원형 이동을 시작하고, 지정된 두 웨이포인트 사이를 통과한다. 원형 이동 시 도구의 자세 변화는 시작 자세 및 끝점 자세만으로 결정되므로, 경유점 자세는 원형 이동에 영향을 주지 않는다. 언제나 동일한 moveP 아래에 있는 웨이포인트가 원형 이동을 선행한다.

2) 명령: 웨이포인트

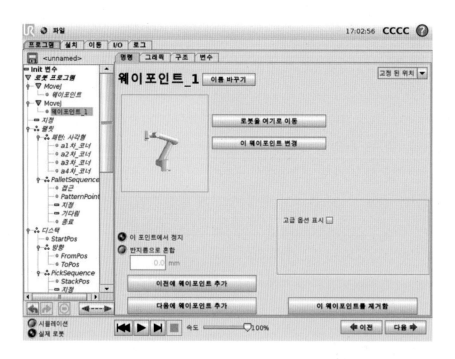

로봇 경로에 있는 포인트, 웨이포인트는 로봇 프로그램의 가장 핵심적인 부분으로서 로봇팔이 어디에 있어야 할지 알려준다. 즉 로봇의 티칭 위치를 저정하는 포인트이다.

3) 명령: 기다림

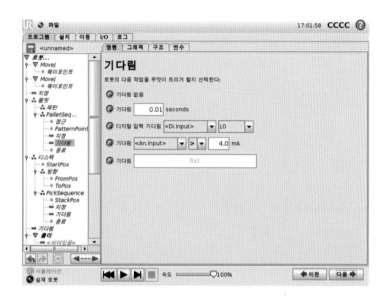

주어진 시간 또는 입/출력 신호를 기다린다.

4) 명령: 기다림

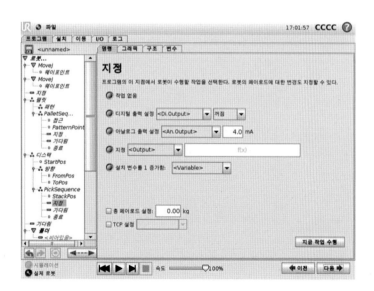

디지털 또는 아날로그 출력을 주어진 값으로 지정한다.

5) 명령: SubProgram 호출

하위 프로그램을 콜하면 하위 프로그램에 있는 프로그램 라인을 실행하고, 다음 라인으로 돌아간다.

6) 명령: 할당

변수에 값을 할당한다. 할당은 오른쪽의 계산한 값을 왼쪽의 변수에 할당한다.

7) 명령: If

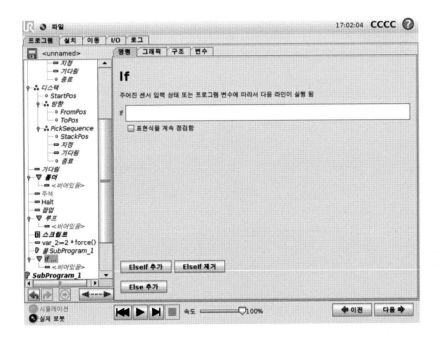

"if..else" 구성은 센서 입력 또는 변숫값에 따라서 로봇 행동을 바꿀 수 있다. 표현 편집기를 사용하여 어떤 조건에 로봇이 If의 하위 명령으로 진행할지 설명한다. 조건 이 True라면 If 안의 라인이 실행된다. 각 If는 여러 ElseIf와 하나의 Else 명령 을 가질 수 있다. 이는 화면의 버튼을 사용하여 추가할 수 있다. ElseIf 명령은 해 당 명령을 위하여 화면에서 제거할 수 있다. 열린 표현식을 계속 점검함은 포함된 라 인을 실행하는 동안에 If와 ElseIf 선언 조건을 평가할 수 있다. 표현식이 If문내에 서 False로 평가되면 그다음 ElseIf 또는 Else 명령문에 도달하게 된다.

2.4 협동 로봇 프로그램

1. 부품 및 장비

협동 로봇

2. 실습 내용

PolyScope를 이용하여 로봇 프로그램을 작성할 수 있다.

3. 실습 방법 및 결과

① 로봇 프로그램하기 버튼을 누르고 빈 프로그램을 선택한다.
② 다음 버튼을 누르고 (오른쪽 아래) 화면 왼쪽 트리 구조에서 〈비어 있음〉 라인을 선택한다.
③ 구조 탭으로 이동한다.
④ 이동 버튼을 누른다.
⑤ 명령 탭으로 이동한다.
⑥ 다음 버튼을 누르고, 웨이포인트 설정으로 이동한다.
⑦ "?" 그림 옆에 있는 이 웨이포인트를 지정함 버튼을 누른다.
⑧ 이동 화면에서 다양한 파란색 화살표를 눌러서 로봇을 이동하거나, 교시 펜던트 뒤에 있는 교시 버튼을 누른 상태에서 로봇팔을 당긴다.
⑨ 확인을 누른다.
⑩ 이전에 웨이포인트 추가함을 누른다.
⑪ "?" 그림 옆에 있는 이 웨이포인트를 지정함 버튼을 누른다.
⑫ 이동 화면에서 다양한 파란색 화살표를 눌러서 로봇을 이동하거나, 교시 버튼을 누른 상태에서 로봇팔을 당긴다.
⑬ 확인을 누른다.
⑭ 이것으로 프로그램이 준비 상태가 된다. "재생" 심볼을 누르면 로봇이 두 포인트 사이에서 이동한다. 로봇이 닿지 않을 곳에서 비상 정지 버튼을 누르고 "재생"을 누른다.
⑮ 축하합니다! 주어진 두 웨이 포인트 사이에서 로봇을 이동하는 첫 로봇 프로그램을 만들었다.

PolyScope 인터페이스

1. 부품 및 장비

협동 로봇

2. 실습 내용

PolyScope를 이용하여 로봇 프로그램을 작성할 수 있다.

3. 실습 방법 및 결과

PolyScope는 컨트롤 박스에 부착한 터치스크린에서 실행된다.

화면에서 파란색 영역은 손가락 또는 펜의 뒤쪽 끝으로 누를 수 있는 버튼이다.

PolyScope는 화면에서 계층 구조를 가지고 있다. 프로그래밍 환경에서 화면에 쉽게 접근할 수 있도록 화면은 탭으로 배열되어 있다.

프로그램 탭은 최상위 수준에서 선택하고, 그 아래에서 구조 탭을 선택했다.

프로그램 탭은 현재 로드한 프로그램과 관련된 정보를 담고 있다. 이동 탭을 선택하면 이동 화면으로 바뀌고, 여기에서 로봇팔을 움직일 수 있다. 마찬가지로 I/O 탭을 선택하는 것으로 전기 I/O 현재 상태를 모니터링하고 변경할 수 있다.

컨트롤 박스 또는 교시 펜던트에 마우스와 키보드를 연결하는 것이 가능하지만, 필수적이지는 않다. 거의 모든 텍스트 필드는 터치가 가능하므로, 이를 누르면 화상 키패드 또는 키보드가 나타난다. 터치 입력이 되지 않는 텍스트 필드는 편집기 아이콘이 옆에 있고, 이것이 관련 입력 편집기를 실행한다.

컨트롤러 PC를 켠 다음에 환영 화면이 나타난다. 화면은 다음과 같은 옵션을 제공한다:

- 프로그램 실행: 기존 프로그램을 선택하고 실행한다. 이는 로봇팔과 컨트롤 박스를 작동할 수 있는 가장 간단한 방법이다.
- 프로그램 로봇: 프로그램을 바꾸거나 새 프로그램을 생성한다.
- 로봇 설정: 비밀번호 설정, 소프트웨어 업그레이드, 지원 요청, 터치스크린 교정 등
- 로봇 종료: 로봇팔의 전원을 끄고, 컨트롤러 박스를 종료한다.

PolyScope 초기 화면

1. 부품 및 장비

협동 로봇

2. 실습 내용

PolyScope를 이용하여 로봇팔의 초기화를 제어한다.

3. 실습 방법 및 결과

로봇팔 상태 표시기 상태 LED는 로봇팔의 실행 상태를 표시한다.

- 밝은 빨간색 LED는 로봇팔이 현재 정지 상태라는 것을 나타내며, 그 이유는 여러 가지일 수 있다.
- 밝은 노란색 LED는 로봇팔이 켜져 있지만, 정상 작업을 위한 준비가 되어 있지 않다는 것을 나타낸다.
- 마지막으로 녹색 LED는 로봇팔이 켜져 있고, 정상 작업을 위한 준비가 되어 있다는 것을 나타낸다.
  LED 옆에 나타나는 문자는 로봇팔의 현재 상태를 더 구체적으로 알려준다.

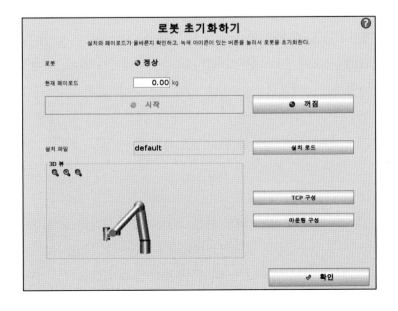

■ 액티브 페이로드 및 설치

로봇팔을 켜면, 컨트롤러가 사용하는 페이로드 매스가 작은 흰색 텍스트 필드에 표시된다. 이 값은 텍스트 필드를 누르고, 새 값을 입력하는 것으로 바꿀 수 있다. 이 값을 설정하는 것은 로봇 설치 페이로드를 수정하지 않으며 컨트롤러가 페이로드 매스를 사용할 수 있도록 지정할 뿐이다.

마찬가지로 현재 로드한 설치 파일 이름은 회색 텍스트 필드에 표시되어 있다. 텍스트 필드를 누르거나 그 옆의 로드 버튼을 사용하여 다른 설치를 로드할 수 있다. 반면에 화면의 아래쪽에 있는 3D 뷰 옆의 버튼을 사용하여 로드한 설치를 사용자 정의할 수 있다.

로봇팔을 시작하기 전에 액티브페이로드와 액티브 설치가 로봇팔의 실제 상황에 대응하는지 확인하는 것이 중요하다.

■ 로봇팔 초기화

녹색 아이콘이 있는 큰 버튼은 로봇팔의 실제 초기화를 수행한다. 여기에 있는 텍스트와 이것이 수행하는 액션은 로봇팔의 현재 상태에 따라서 변경된다.

① 컨트롤러 PC가 켜진 다음에 버튼은 로봇팔을 켜기 위하여 한 번 눌러야 한다. 로봇팔은 그다음에 전원 켜짐으로 변하고, 그다음에는 유휴 상태가 된다. 비상 정지가 되면 로봇팔을 켤 수 없고, 이 버튼은 사용할 수 없다.

② 로봇팔이 유휴 상태가 되면 버튼을 다시 한번 눌러서 로봇팔을 시작해야 한다. 이때 센서 데이터를 로봇팔의 마운팅 구성과 대조하여 점검하게 된다. 불일치 사항이 발견되면(허용오차 30) 버튼이 꺼지고, 오류 메시지가 그 아래에 나타난다.

③ 마운팅 확인에서 통과했다면, 버튼을 누르면 모든 관절 브레이크를 해제하고, 로봇팔이 정상 작업 준비가 된다. 브레이크 해제 도중 로봇은 소리를 내고 약간 움직인다.

④ 로봇팔이 시작 후에 안전 제한을 위반하면 특별 복구 모드가 된다. 이 모드에서 버튼을 누르면 복구 이동 화면으로 전환하고, 로봇팔이 여기에서 안전 제한으로 돌아올 수 있다.

⑤ 장애가 발생하면 버튼을 사용하여 컨트롤러를 다시 시작할 수 있다.

⑥ 컨트롤러를 현재 사용할 수 없다면, 버튼을 누르는 것으로 시작할 수 있다.

⑦ 마지막으로, 빨간 아이콘이 있는 더 작은 버튼은 로봇팔을 끈다.

PolyScope 편집기 화면

1. 부품 및 장비

협동 로봇

2. 실습 내용

PolyScope를 이용하여 대상 관절 위치 또는 대상 포즈를 지정할 수 있다

3. 실습 방법 및 결과

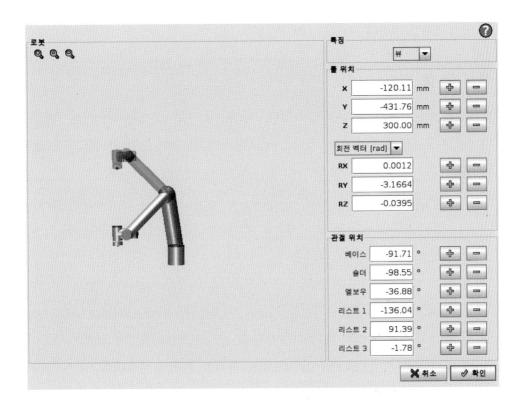

로봇팔의 현재 위치 및 지정한 새 대상 위치가 3D 그래픽으로 표시된다. 로봇팔의 3D 드로잉은 로봇팔의 현재 위치를 보여 주고, 로봇팔의 "그림자"가 화면 오른쪽에서

지정된 값으로 제어되는 로봇팔의 대상 위치를 표시한다. 돋보기 아이콘을 눌러서 확대/축소하거나 손가락을 옆으로 끌어서 뷰를 바꿀 수 있다.

만약에 로봇 TCP의 지정한 대상 위치가 안전 또는 트리거 플레인에 가까이 오거나, 로봇 툴의 자세가 툴 자세 경계 제한 근처로 오면 대략적인 경계 제한을 3D로 표현하여 보여 준다. 안전 플레인은 노란색과 검은색으로 시각화하며, 작은 화살표가 플레인 수직선을 표현한다. 이는 로봇 TCP 위치를 지정할 수 있는 플레인의 면을 나타낸다. 트리거 플레인은 파란색 및 녹색으로 표시되고, 플레인의 측면을 가리키는 작은 화살표가 있는데, 이는 정상 모드 제한이 활성화된 곳이다. 툴 자세 경계 제한은 원뿔 및 로봇 툴의 현재 자세를 나타내는 벡터와 함께 표시된다. 원뿔의 내부는 툴 자세(벡터)에 허용되는 영역을 나타낸다. 대상 로봇 TCP가 더 이상 제한 근처에 있지 않을 때 3D 표시가 사라진다. 대상 TCP가 경계를 위반하거나 거의 위반할 정도로 가까이에 있다면, 제한 표시가 빨간색으로 변한다.

■ 특징 및 툴 위치

화면 맨 위 오른쪽에 특징 선택기가 있다. 특징 선택기는 로봇팔에서 어떤 특징을 제어할지 정의하고, 그 아래에 있는 상자는 선택한 특징에 대한 툴의 완전한 좌푯값을 표시한다.

X, Y, Z 컨트롤은 툴 위치를 제어하고 RX, RY, RZ가 툴의 자세를 제어한다.

RX, RY, RZ 상자 위의 드롭다운 메뉴로 자세 표현을 선택할 수 있다.

사용 가능한 형식:

- 회전 벡터 [rad] 자세는 회전 벡터로 주어진다. 축의 길이는 라디안으로 회전하는 각이고, 벡터 자체가 축이 회전할 기준을 제시한다. 이것이 기본값이다.
- 회전 벡터 [] 자세가 회전 벡터로 주어지고, 여기서 벡터 길이가 회전할 각도이다.
- RPY [rad] 롤, 피치, 요 (RPY) 각도로서 라디안 단위를 사용한다. RPY-회전 행렬 (X, Y', Z" 회전) 이주어짐:

$$R_{rpy}(g, b, a) = RZ(a) \; RY(b) \; RX(g)$$

- RPY [] 롤, 피치, 요 (RPY) 각도로서 도 단위를 사용한다.

좌표계를 클릭하는 것으로 값을 편집할 수 있다. 상자 오른쪽의 + 또는 − 버튼을 눌러서 현재값을 감소하거나 증가할 수 있다. 버튼을 누르고 있으면 값을 직접 증가 또는 감소할 수 있다. 버튼을 오래 누를수록 증가량 또는 감소량이 커진다.

■ 관절 위치

개별 관절을 직접 지정할 수 있게 한다. 각 관절 위치값 범위는 □360+360이며, 이 범위가 관절 제한이다. 값은 관절 위치를 클릭하는 것으로 편집할 수 있다. 상자 오른쪽의 + 또는 − 버튼을 눌러서 현재값을 감소하거나 증가할 수 있다. 버튼을 누르고 있으면 값을 직접 증가 또는 감소할 수 있다. 버튼을 오래 누를수록 증가량 또는 감소량이 커진다.

■ 확인 버튼

확인 버튼을 클릭하는 것으로 이동 탭에 돌아가고, 여기에서 로봇팔이 지정한 대상으로 이동한다. 마지막으로 지정한 값이 툴 좌표라면 로봇팔은 MoveL 이동 형식을 사용하여 대상 위치로 이동하고, 관절 위치를 마지막으로 지정했다면 로봇팔은 MoveJ 이동 형식으로 대상 위치로 이동한다.

PolyScope 이동 탭

1. 부품 및 장비

협동 로봇

2. 실습 내용

PolyScope를 이용하여 로봇툴 이동/회전 또는 로봇 관절을 개별적으로 이동하여 로봇팔을 직접 이동(조그)할 수 있다.

3. 실습 방법 및 결과

로봇팔의 현재 위치는 3D 그래픽으로 보여 준다.

① 돋보기 아이콘을 눌러서 확대/축소하거나 손가락을 옆으로 끌어서 뷰를 바꿀 수 있다.

② 뷰 기능을 선택하고 3D 드로잉 표시 각도를 회전하여 뷰를 실제 로봇팔과 맞춰서 로봇팔 제어를 위해 가장 적합한 느낌을 만들어 낼 수 있다.

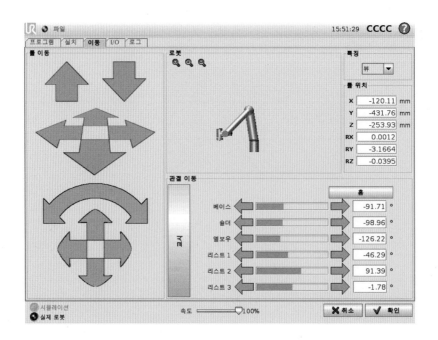

만약에 로봇 TCP의 현재 위치가 안전 또는 트리거 플레인에 가까이 오거나, 로봇 툴의 자세가 툴 자세 경계 제한 근처로 오면 대략적인 경계 제한을 3D로 표현하여 보여준다. 로봇이 프로그램을 실행하는 동안 경계 제한 표시가 꺼진다.

안전 플레인은 노란색과 검은색으로 시각화하며, 작은 화살표가 플레인 수직선을 표현한다. 이는 로봇 TCP 위치를 지정할 수 있는 플레인의 면을 나타낸다. 트리거 플레인은 파란색 및 녹색으로 표시되고, 플레인의 측면을 가리키는 작은 화살표가 있는데, 이는 정상 모드 제한이 활성화된 곳이다. 툴 자세 경계 제한은 원뿔 및 로봇 툴의 현재 자세를 나타내는 벡터와 함께 표시된다. 원뿔의 내부는 툴 자세(벡터)에 허용되는 영역을 나타낸다.

로봇 TCP가 더 이상 제한 근처에 있지 않을 때 3D 표시가 사라진다. TCP가 경계를 위반하거나 거의 위반할 정도로 가까이에 있다면, 제한 표시가 빨간색으로 변한다.

■ 특징 및 툴 위치

① 화면 맨 위 오른쪽에 특징 선택기가 있다. 이는 로봇팔에서 어떤 특징을 제어할지 정의하고, 그 아래에 있는 상자는 선택한 특징에 대한 툴의 완전한 좌푯값을 표시한다.

② 좌표계 또는 관절 위치를 클릭하는 것으로 값을 직접 편집할 수 있다. 이를 통해 포즈 편집기 화면으로 이동하며, 툴 또는 대상 관절 위치를 위하여 대상 위치 및 자세를 지정할 수 있다.

■ 툴 이동

① 이동 화살(위)을 누르면 로봇 툴 팁을 표시한 방향으로 이동한다.

② 회선 화살(버튼)을 누르면 로봇 툴을 표시한 방향으로 바꾼다. 툴 센터 포인트(TCP)는 회전 포인트로서 로봇 툴 끝에 특성 포인트를 주는 포인트이다. TCP는 작은 파란색 공으로 보인다.

■ 관절 이동

① 개별 관절을 직접 제어할 수 있게 한다. 각 관절은 □360+360 이동할 수 있으며, 이는 각 관절에서 수평 바로 표시되는 기본 관절 제한이다.

② 관절이 관절 제한에 도달하면 더 이상 구동할 수 없다. 관절 제한을 기본과 다른 위치 범위로 구성했다면 이 범위는 수평 바에서 빨간색으로 표시된다.

PolyScope I/O

1. 부품 및 장비

협동 로봇

2. 실습 내용

PolyScope를 이용하여 로봇 컨트롤 박스에서 송·수신하는 라이브 I/O 신호를 설정할 수 있다.

3. 실습 방법 및 결과

프로그램 실행 시 무언가 변화하면, 프로그램은 멈춘다. 프로그램이 멈추면 모든 출력 신호는 그 상태를 보존한다. 화면은 10Hz로만 업데이트되므로, 매우 빠른 신호는 올바르게 표시되지 않을 수 있다.

컨피규어러블 I/O는 설치의 안전 I/O 구성 항목에서 특별 안전 설정을 위해 지정할 수 있다. 지정된 것은 기본 또는 사용자 정의 이름 대신에 안전 기능 이름을 갖게 된다. 안전설정을 위해 지정한 컨피규어러블 출력은 끄거나 켤 수 없으며, LED만으로 표시된다.

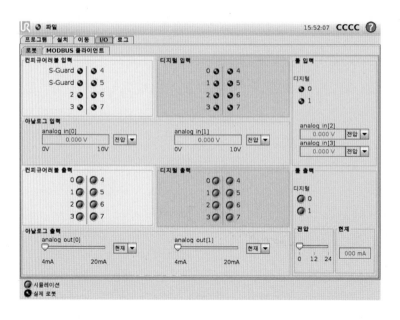

PolyScope 자동 이동

1. 부품 및 장비

협동 로봇

2. 실습 내용

PolyScope를 이용하여 로봇팔을 작업 영역에서 특정 위치로 이동할 수 있다.

3. 실습 방법 및 결과

실행 전에 로봇팔이 시작 위치로 이동해야 하거나, 프로그램 조정 중에 웨이포인트로 이동해야 하는 경우가 이러한 예이다.

① 자동 버튼을 눌러서 애니메이션에 있는 대로 로봇팔을 이동할 수 있다.

참고: 버튼을 떼면 언제든지 동작을 멈출 수 있다

② 수동 버튼을 누르면 로봇팔을 수동으로 움직일 수 있는 이동 탭이 나타난다. 이는 애니메이션의 동작을 선호하지 않는 경우에만 필요하다.

03장

스마트공장과
자동화 기술

Chatper 03

스마트공장과 자동화 기술

3.1 AutomationStudio 구성

1) 구성

설계, 시뮬레이션 그리고 프로젝트 문서화에 대한 혁신적인 소프트웨어 시스템 솔루션으로 특히 자동화 시스템의 설계, 문서화, 교육 그리고 지원을 위해 PLC 래더 로직, 계전기 또는 SFC 다이어그램으로 표현된 명령어 파트는 물론 유압, 공압 그리고 전기 구동장치도 포함하고 있다. 다양한 관련 분야에서 엔지니어, 기술자, 교육, 서비스/유지 보수 및 지원 담당자가 사용하도록 제작된 전문 시뮬레이터이다.

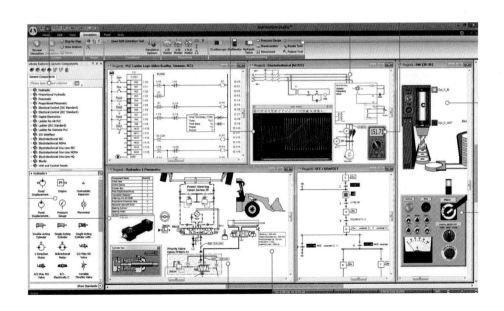

2) 제품의 구성

AutomationStudio™는 분야별 모든 기술을 사용하여 완전한 가상 기계를 설계하고 문서화하는 기능과 최소한의 소스 프로젝트를 사용하여 프로젝트 수명 주기에 대한 단계별 후속 조치를 제공한다. 이러한 단계는 설계, 제도 및 기술 문서, 검증, 상용 문서 및 기술 보고서, 교육, 가상 컴퓨터의 문제 해결 및 문서 관리에 필수인 기능이다. 또한, 하드웨어와의 범용적인 통신을 통해 제어할 수 있어 검증된 회로로 빠른 하드웨어 테스트가 가능하다.

	유공압회로설계	전기전자제어	전기기술설계
제 어	•기본 유공압 회로 •비례 유공압 회로 •관련 자격증 회로	•전기 유공압 회로 •카운터 회로 •PLC 회로	•직류/교류 회로 •전력전자 회로 •전기 PLC 회로
	PLC 래더 •IEC 표준 래더 •Siemens 래더 •AB 래더 •LS산전 래더	**디지털전자** •논리게이트 회로 •디코더 회로 •플립플롭 회로	**HMI 및 제어판** •2D 입출력 이미지 •3D 다이어그램 •측정 계기
시 뮬 레 이 션	**측정** •타임 차트 그래프 •분야별 그래프 •다이나믹 측정	**문제해결** •수리도구 •결함도구 •기술별 측정 계기	**기술 설정** •배선 설정 •유체 설정 •PLC 설정
시 스 템	**설계 지원** •제조사 카다로그 •자재 청구서(BOM) •분야별 기술 공학 수식	**순차 차트 설계** •워크플로우 •SFC 컴파일러	**시청각 자료** •티치웨어 제작 •AMS 뷰어 •사진,동영상 추가

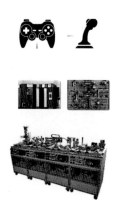

•CANBus
•OPC-UA
•REMOTE I/O

3.2 기본 사용법

3.2.1 화면 구성

1) 실행

- **방법 1.** 바탕화면에서 AutomationStudio의 아이콘을 더블클릭한다.
- **방법 2.** 윈도우 시작 → 프로그램 → AutomationStudio → AutomationStudio

Automation Studio 6.2 Educational

2) 화면 구성

AutomationStudio의 화면은 아래 그림과 같은 구성으로 이루어져 있다.

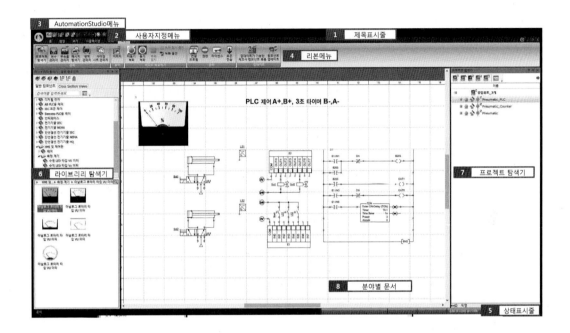

① 제목 표시줄: 현재 또는 처음 열려 있는 파일명 표시

② 사용자 지정 메뉴: 사용자가 지정한 메뉴를 표시

③ AutomationStudio 메뉴: 메뉴는 프로젝트 관리 기능을 포함하고 있는 메뉴로 구성

④ 리본 메뉴: 일반적인 메뉴와 도구 모음을 아이콘으로 구성

⑤ 상태 표시줄: 모든 유틸리티에 선택된 메뉴 및 명령에 대한 설명 표시

⑥ 라이브러리 탐색기: 유압, 공압, 전기, PLC, HMI 등 모든 컴포넌트 심볼을 포함.

⑦ 프로젝트 편집기: 열린 프로젝트 및 문서 관리와 관련된 모든 기능을 제어

⑧ 분야별 문서: 모든 심볼 및 기능을 불러와 도면을 작성할 수 있음.

3.2.2 요소 편집

1) 끌어다 놓기 Drag & Drop

각 분야별 컴포넌트는 라이브러리 탐색기에서 해당 컴포넌트별로 정리되어 있어서 원하는 요소가 어느 컴포넌트에 포함되어 있는지 이해가 필요하다.

라이브러리 트리뷰에 있는 각 분야별 라이브러리의 ▷를 클릭하면 하위 목록이 열리게 된다. ▷기호가 없는 것은 마지막 라이브러리라는 의미이다. 해당 라이브러리를 선택하면 라이브러리 트리 뷰 밑에 컴포넌트가 나타난다. 컴포넌트를 선택하면 표준 영역에 관련된 심볼이 나타난다.

각 분야별 컴포넌트는 아래와 같이 구성되어 있다.

유압	공압	비례 유공압
◢ 유압	◢ 공압	◢ 비례 유압
▷ 펌프 및 증폭기	▷ 컴프레서 및 파워 유닛	▷ 펌프
▷ 파워 유닛 및 기계 컴포넌트	▷ 유량 라인과 연결	▷ 비례 방향 밸브
리저버	리저버	▷ 압력 제어
▷ 유량 라인과 연결	▷ 어큐뮬레이터	▷ 유량 밸브
▷ 어큐뮬레이터	▷ 액츄에이터	▷ 센서
▷ 액츄에이터	▷ 방향 밸브	컨트롤러
▷ 방향 밸브	▷ 유량 밸브	설정값 장치
▷ 유량 밸브	▷ 압력 제어	
▷ 압력 밸브	▷ 센서	
센서	시퀀서	◢ 비례 공압
▷ 유체 정화 기기	계전기 코일	▷ 방향 밸브
▷ 측정 계기	서브 베이스 모듈	유량 밸브
카트리지 밸브 삽입	▷ 논리 연산 장치	▷ 압력 제어
▷ 기타	▷ 타이머	▷ 센서
	카운터	컨트롤러
	증폭기	설정값 장치
	메모리 장치	
	▷ 유체 정화 기기	
	▷ 측정 계기	
	▷ 기타	

전기제어	전기기술	단선 결선 전기	디지털전자
▲📚 전기 제어 (JIC 표준) ▷📚 라인 및 연결 ▷📚 전원 공급원 ▷📚 출력 컴포넌트 📚 접점 📚 스위치 📚 센서 스위치 📚 카운터 📚 PLC 카드	▲📚 전기기술 IEC ▷📚 라인 및 연결 ▷📚 제어 ▷📚 전력 📚 측정 계기 ▷📚 컴포넌트 📚 블랙 박스 📚 다른 것	▲📚 단선결선 전기기술 IEC 📚 소스 ▷📚 네트워크 📚 에너지 컨버터 ▷📚 변압기 📚 보호 📚 부하 📚 DC 컴포넌트 📚 측정 계기 📚 기본 컴포넌트 📚 다른	▲📚 디지털 전자 ▷📚 라인 및 연결 ▷📚 로직 게이트 ▷📚 로직 게이트 (EU) ▷📚 디코더 📚 플립플롭 ▷📚 카운터 ▷📚 입력 컴포넌트 ▷📚 출력 컴포넌트

IEC PLC	SiemensPLC	AB PLC
▲📚 IEC 표준 래더 📚 렁 📚 접점 📚 코일 📚 타이머 📚 카운터 📚 비교기 📚 수학 📚 공업 수학 📚 로직 📚 파일 이동 📚 삼각법 📚 컨버터 📚 점프 📚 프로그램 관리	▲📚 Siemens PLC용 래더 📚 렁 📚 비트 로직 📚 타이머 📚 카운터 📚 비교기 📚 컨버터 📚 정수 함수 📚 부동 소수점 함수 📚 이동 📚 점프 📚 시프트 및 회전 📚 워드 로직 📚 프로그램 관리	▲📚 AB PLC용 래더 📚 렁 📚 접점 📚 코일 📚 타이머 📚 카운터 📚 비교기 📚 수학 📚 공업 수학 📚 로직 📚 파일 이동 📚 삼각법 📚 프로그램 관리

인터페이스	HMI 및 제어판
📚 인터페이스	▲📚 HMI 및 제어판 ▷📚 제어 ▷📚 측정 계기

요소를 추가하여 관련된 기능을 익힌다.

① 라이브러리 트리 뷰에서 [전기 제어(IEC 표준)]를 선택한다.

② 컴포넌트 영역에서 24볼트 전원 공급장치를 선택하고 작업 문서에 끌어다 놓는다.

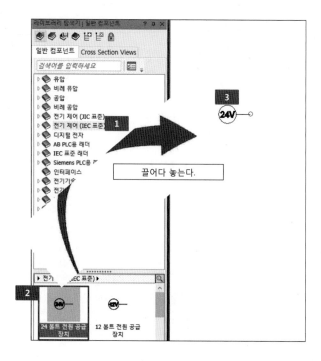

③ 컴포넌트를 편집하려면 해당 컴포넌트에 마우스를 가져다 놓고 더블클릭하면 컴포 넌트 속성창이 나타난다.

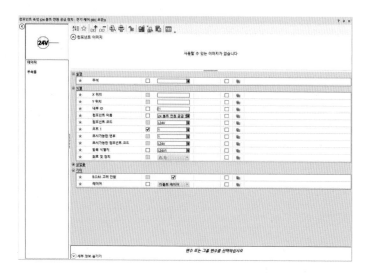

④ 원하는 컴포넌트가 없을 경우 각 분야별 라이브러리의 ▷를 선택하고 컴포넌트를 찾는다.

2) 이동

① 컴포넌트를 선택하면 점선 테두리가 나타난다.

② 컴포넌트를 선택한 상태에서 화면의 다른 곳으로 이동시켜 본다.

3) 회전

① 컴포넌트가 선택된 상태에서 [편집 메뉴 → 위치]를 선택하면 회전 메뉴가 나타난다.

② [위치 → 180° 회전]을 선택하면 컴포넌트가 180도로 회전한다.

③ [위치 → 회전]을 선택한다.

④ 컴포넌트에 녹색 점 5개가 나타난다.

⑤ 왼쪽 밑에 있는 녹색 점에 마우스를 가져다 놓으면 회전 모양으로 변경되며 왼쪽 마우스를 누른 상태에서 원하는 방향으로 회전을 하면 컴포넌트가 회전한다.

4) 삭제

① 컴포넌트가 선택된 상태에서 [편집 → 삭제✖]를 실행하면 삭제된다.

② 삭제된 요소는 [편집 → 되돌리기, 다시하기]를 실행하면 마지막 명령이 취소되거나 이전 명령이 실행된다.

5) 회로 연결

① 라이브러리 트리 뷰에서 [전기 제어(IEC 표준)]를 선택한다.

② 컴포넌트 영역에서 24볼트 전원 공급장치를 선택하고 작업 문서에 끌어다 놓는다.

③ 컴포넌트 영역에서 상시 열림 누름 버튼을 선택하고 작업 문서에 끌어다 놓고 변수 수정 창에서 알리아스를 PB1으로 작성하고 √ 버튼을 클릭한다.

④ PB1 스위치 위 포트에 마우스를 가져다 놓으면 과녁 모양으로 표시가 나타날 때 왼쪽 마우스 버튼을 누른다. 24볼트 전원 공급장치 포트를 선택하면 회로가 연결된다.

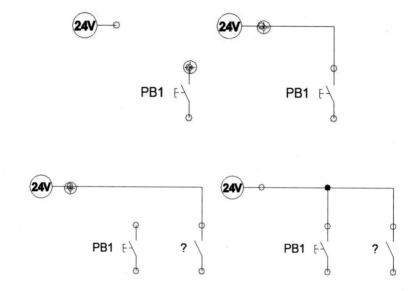

⑤ 선을 ㄱ자로 꺾고 싶을 때는 그 위치에서 마우스를 클릭한다.

⑥ 연결한 선을 삭제할 때는 삭제하고자 하는 선을 선택하고 키보드에 Del 버튼을 누르면 삭제된다.

3.2.4 시뮬레이션

1) 시뮬레이션 실행

① 메뉴에서 시뮬레이션을 선택한다.

② 시뮬레이션은 일반 시뮬레이션, 단계별, 느린 동작으로 구분된다.

③ 일반 시뮬레이션 메뉴를 선택하면 시뮬레이션이 실행되고 시뮬레이션 정지, 일시 중지 메뉴가 활성화된다.

④ 사용자 지정 메뉴에 있는 일반 시뮬레이션 버튼을 눌러도 시뮬레이션이 실행된다.

2) 그래프 실행

① 각 분야별 컴포넌트의 특성을 그래프로 확인할 수 있다.

② 시뮬레이션 메뉴에 측정하기에 Y(t) 플로터를 선택한다. (시뮬레이션이 정지된 상태)

③ 측정하고자 하는 컴포넌트를 플로터에 끌어다 놓는다.

④ 해당 컴포넌트에서 측정이 가능한 메뉴가 나타나고 측정하고자 하는 메뉴를 선택하면 플로터에 해당 컴포넌트의 값을 볼 수 있다.

3.2.6 문서 화면 조작

1) 마우스 조작

① 마우스를 이용하여 컴포넌트를 선택하거나 도면을 확대 축소할 수 있다.

② 스페이스바+마우스 버튼을 누르고 도면을 이동시켜 본다.

③ Ctrl+마우스 휠을 굴려 도면을 줌 인, 줌 아웃시켜 본다.

화면 줌	Ctrl+마우스 휠	객체/요소/화면 선택	마우스 왼쪽 버튼
화면 이동	스페이스바 + 마우스 왼쪽 버튼	서브메뉴	마우스 오른쪽 버튼 한 번 클릭

2) 메뉴 조작

① 메뉴에서 보기를 선택한다.

② 문서를 %로 조절할 수 있으며 +줌, -줌을 이용하여 조절할 수도 있다.

③ 줌창을 선택하면 확대하고자 하는 회로를 선택하여 볼 수 있다.

④ 페이지 줌은 도면 전체를 확대할 수 있으며 도면에 있는 컴포넌트에 대해 전체 확대할 때는 모든 컴포넌트 확대를 선택한다.

⑤ 패닝은 도면을 상하좌우로 이동시킬 때 사용한다.

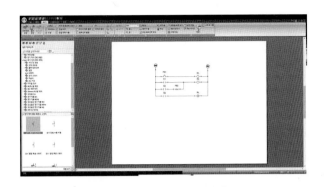

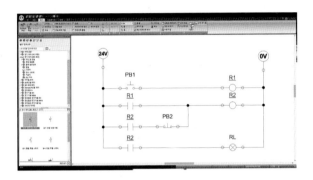

3.3 전기회로 설계

직류회로에 대한 기본 회로를 설계하고 특성을 실험한다.

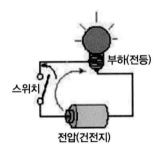

전기회로의 구성은 전원과 부하로 이루어지며, 사용자의 편리성과 안전을 위하여 스위치를 사용한다. [그림 Ⅱ-1]에서 스위치를 닫으면 폐회로가 구성되어 부하에 전원이 가해지는데 전류의 흐름은 화살표 방향으로 된다. 즉 전류는 양(+)극에서 음(−)극으로 흐른다. 여기에서 꼭 알아둘 사항은 폐회로가 구성되어야만 전류가 흐른다는 사실과 회로에 전류를 공급해 주는 부분을 전원이라 하며, 전원으로부터 전기에너지를 공급받아 전력을 소비하는 장치를 부하라고 한다.

전류는 전자의 이동을 말하며 전자의 흐르는 방향과는 반대로 양의 전하의 흐르는 방향으로 전류가 흐른다. 도체의 단위 면적을 t[s] 동안에 Q[c]의 전기량이 이동하였다면 전류의 크기 I[A]는 다음과 같다.

$$I = \frac{Q}{t} [A]$$

1[A]: 1[S] 동안 1[C]의 전기량을 이동시키는 전류의 크기

전류의 기호는 I, 단위는 [A]를 사용한다. 직류는 크기와 방향이 항상 일정한 것

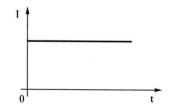

교류는 시간에 따라 크기와 방향이 주기적으로 변화하는 것

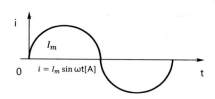

전압은 전기적인 높이의 차를 말하면 전위차라고도 한다. 전기회로에서 임의의 한점의 전기적인 높이를 전위하고 하며 전류는 높은 전위에서 낮은 전위로 흐른다. Q[C]의 전기량이 도체를 이동하여 W[J]의 일을 하였다면 이때의 전압 V[V]는 다음과 같이 구한다.

$$V = \frac{W}{Q}[V]$$

1[V]:1[C]의 전기량이 이동하여 1[J]의 일을 할 수 있는 전위차로 전압의 기호 V, 단위는 [V](Volt)를 사용한다.

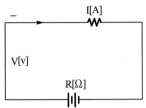

　　　　　저항은 전류의 흐름을 방해하는 성질을 말하며 1[Ω]은 전기회로에 1[V]의 전압을 가했을 때 1[A]의 전류가 흐르는 경우의 저항값이다. 저항의 기호는 R, 단위는 Ω (ohm)을 사용한다.

　　　　　전기회로에 흐르는 전류는 전압에 비례하고 저항에 반비례하는 법칙을 옴의 법칙이라고 한다.

옴의 법칙의 식은 아래와 같다.

$$I = \frac{V}{R}[A], \quad V = IR, \quad R = \frac{V}{I}[\Omega]$$

저항을 접속하는 방법에는 직렬 접속과 병렬접속 방법이 있다.

1) 직렬접속

2개 이상의 저항을 차례로 연결하여 회로의 전 전류가 각 저항을 순차로 흐르게 접속한 회로 $V_1 = IR_1$, $V_2 = IR_2$, $V_3 = IR_3$이므로 ab 사이의 전압 V는

$V = V_1 + V_2 + V_3 = IR_1 + IR_2 + IR_3 = I(R_1 + R_2 + R_3)$

$I = \dfrac{V}{R_1 + R_2 + R_3}$ 이다.

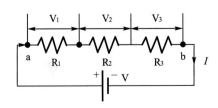

2) 병렬접속

2개 이상의 저항이 양 끝을 2점에 연결하여 회로의 전 전류를 각 저항에 나누어 흐르게 접속한 회로이다.

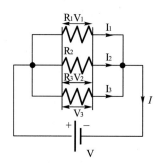

합성저항 $\dfrac{1}{R} = \dfrac{1}{R_1} + \dfrac{1}{R_2} + \dfrac{1}{R_3}$

$$R = \cfrac{1}{\dfrac{1}{R_1} + \dfrac{1}{R_2} + \dfrac{1}{R_3}}[\Omega]$$

각 저항에 흐르는 전류는

$I_1 = \dfrac{V}{R_1}[A]$, $I_2 = \dfrac{V}{R_2}[A]$, $I_3 = \dfrac{V}{R_3}[A]$ 이다.

3) 전위와 전위 평형

⑴ 평형 회로의 성질

단자 2-5 사이의 전위차 V_{25}는 다음과 같은 식이다.

$V_{25} = (\dfrac{R_2}{R_1 + R_2})V[V]$

따라서, $\dfrac{R_2}{R_1 + R_2}$와 $\dfrac{R_4}{R_3 + R_4}$가 같지 않으면 단자 2-5에서는 전류가 흐르고 같으면

전류가 흐르지 않는다. 브리지 평형 조건은 $\dfrac{R_2}{R_1 + R_2} = \dfrac{R_4}{R_3 + R_4}$

따라서 $R_2R_3 + R_2R_3 = R_1R_4 + R_2R_4$ 이므로 $R_1R_4 = R_2R_3$ 이다.

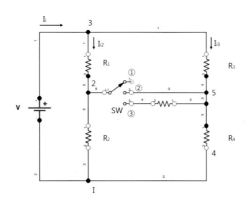

(2) 휘트스톤 브릿지

그림 Ⅱ-1-8에서 $R_XQ = PR$이 성립하면 검류계 A의 지시는 0이 된다. P, Q, R의 변화를 주면 $R_XQ = PR$

즉 $R_X = \dfrac{P}{Q} \times R$의 평형 조건식이 성립된다.

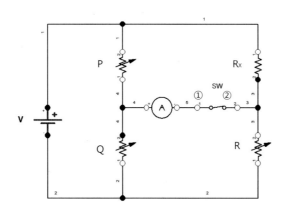

(3) 키르히호프의 제1 법칙

회로망에 있어서 임의의 접속점에 유입한 전류와 유출한 전류의 대수합은 0이다. 즉 유입한 전류의 총합과 유출한 전류의 총합은 같다. $\sum I = 0$

즉 제1법칙은 전류의 법칙이다.

$$I_1 + I_3 = I_2 + I_4 + I_5$$

또는 $I_1 + I_3 + (- I_2) + (- I_4) + (- I_5) = 0$

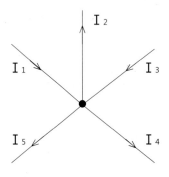

(4) 키르히호프의 제2 법칙

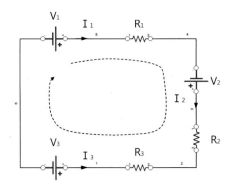

회로망 중 임의의 한 폐회로 내에서 일정한 방향으로 돌 때 전압 강하의 합은 기전력의 힘과 같다.

① $\sum V = \sum IR$

② $V_1 + V_2 - V_3 = I_1 R_1 + I_2 R_2 - I_3 R_3$

4) 전력과 열량

(1) 줄의 법칙

도체에 전류를 흘리면 열이 발생하는데 이에 관한 법칙으로 저항 R[Ω]에 전압 V[V]를 가하여 전류 I[A]가 t[sec] 동안 흘렀을 때 발생하는 열량 H는

$$H = I^2 Rt\,[J] = 0.24 I^2 Rt\,[cal] = mcT\,[cal]$$

여기서,

m: 질량$[g]$, c: 비열$[cal/g \cdot \deg]$, T: 온도차$(T_2 - T_1)$

(2) 전력

1초 동안에 전기 에너지가 소비되어 한 일의 비율

기호는 P, 단위는 [W](watt)를 사용한다. 전기가 t(sec) 동안에 W[J]의 일을 했을 때 전력 P는 다음과 같다.

$$P = \frac{W}{t} = \frac{VIt}{t} = VI = I^2 R = \frac{V^2}{R}\,[W]$$

(3) 전력량

일정한 시간 동안 전기가 하는 일의 양 기호는 W, 단위는

[J](Joule)을 사용한다. R[Ω]의 저항에 I[A]의 전류가 t(sec)동안 흐를 때의 전력량 W는 다음과 같다.

$$W = I^2 Rt = \frac{V^2}{R}t = VIt\,[J]$$

5) 콘덴서

평행판 콘덴서의 정전 용량 C[F]는 전극판의 면적 A$[m^2]$에 비례하고, 두 전극 사이의 간격 $l[m]$에 반비례한다.

$$C = \epsilon \cdot \frac{A}{l} [F]$$

콘덴서의 용량을 크게 하기 위한 방법은 아래와 같다.

① 극판의 면적을 넓게 한다.

② 극판 간의 간격을 작게 한다.

③ 비유전율이 큰 절연체를 사용한다.

콘덴서의 선정 시 고려할 사항으로

① 정전 용량의 값

② 사용 시 소자가 파괴되지 않는 최대 전압

③ 정밀도와 허용 오차 특성

④ 직류를 가했을 때의 누설 전류 등의 특성

(1) 콘덴서의 잡속법

병렬접속 시의 합성 정전 용량

$$C = C_1 + C_2 [F]$$

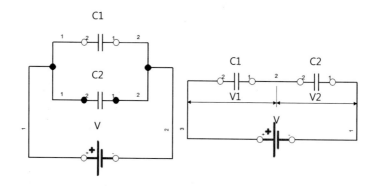

■ 직렬접속 시의 합성 정전 용량

$$C = \frac{1}{\dfrac{1}{C_1} + \dfrac{1}{C_2}} = \frac{C_1 \cdot C_2}{C_1 + C_2} [F]$$

■ 직렬접속 시의 전압 분배

$$V_1 = \frac{C_2}{C_1 + C_2} \cdot V[V]$$

$$V_2 = \frac{C_1}{C_1 + C_2} \cdot V[V]$$

3.4 합성저항 측정

3.4.1 합성저항 회로

1) 전기기술 문서 열기

① 홈 메뉴를 선택한다.

② 리본 메뉴에서 문서를 선택하고 전기기술 다이어그램을 선택한다.

③ 전기기술 다이어그램 탬플릿 창의 확인 버튼을 누르면 전기기술 문서가 열린다.

National Electrical Manufacturers Association (미국전기공업협회)

2) 회로 설계

① 라이브러리 트리뷰에서 전기기술(NEMA표준)의 ▷를 선택하여 목차를 연다.

② [전기기술(NEMA표준) → 전원]의 ▷를 선택하여 목차를 연다.

③ [전원 → 에너지원]의 ▷를 선택하여 목차를 열고 베터리를 선택한다.

④ 컴포넌트 영역에서 배터리/셀을 선택하고 문서 화면에 끌어다 놓는다.

⑤ [전기기술(NEMA표준) → 기본 수동 및 능동 컴포넌트]의 ▷를 선택한다.

⑥ [기본 수동 및 능동 컴포넌트 → 저항기]를 선택한다.

⑦ 컴포넌트 영역에서 저항기를 선택하고 문서 화면에 끌어다 놓는다.

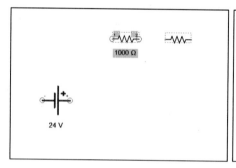

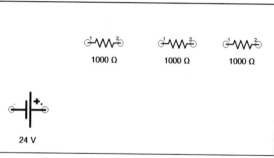

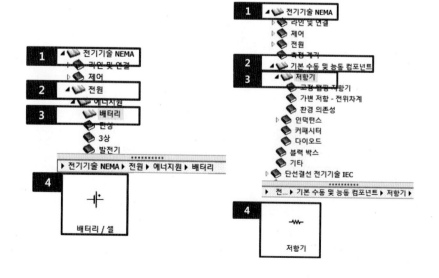

⑧ Ctrl 버튼을 누른 상태에서 문서에 끌어다 놓은 저항기를 선택하고 오른쪽으로 끌어나 놓으면 저항기가 복사된다.

⑨ 위와 같은 방법으로 저항기를 2개 더 복사하여 붙여넣기 한다.

⑩ [전기기술(NEMA표준) → 측정계기]를 선택한다.

⑪ 전류계를 선택하고 첫 번째 저항 왼쪽에 끌어다 놓는다.

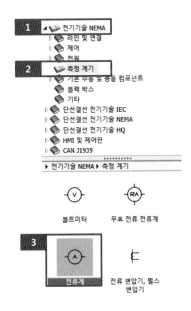

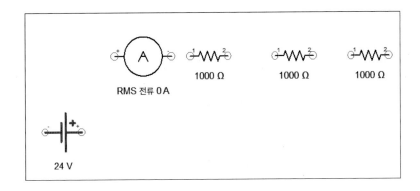

3) 심볼 설정

① 배터리/셀을 더블클릭하면 컴포넌트 속성창이 나타난다.

② 기술 특성에서 공칭 전압을 12V로 변경하고 닫기⊠를 클릭한다.

	기술 - 특성						
1	★ 공칭 전압	☑		12	V ▼	☐	📇
	★ 내부 저항	☐		0	Ω ▼	☐	📇
	★ 배터리 용량	☐		40	A.h ▼	☐	📇
	★ 초기 충전 (%)	☐		100	% ▼	☐	📇

③ 왼쪽 첫 번째 저항을 더블클릭하면 컴포넌트 속성창이 나타난다.
④ 기술-특성 저항에서 4kΩ으로 변경하고 닫기⊠를 클릭한다.

	기술 - 특성						
	★ 온도 계수	☐		250		☐	📇
1	★ 저항 (R)	☑		4	kΩ ▼	☑	📇
	★ 허용 오차	☐		10	% ▼	☐	📇

⑤ 두 번째 저항을 더블클릭하면 컴포넌트 속성창이 나타나면 기술-특성에서 저항을 6kΩ으로 변경하고 닫기⊠를 클릭한다.
⑥ 세 번째 저항을 더블클릭하면 컴포넌트 속성창이 나타나면 기술-특성에서 저항을 15kΩ으로 변경하고 닫기⊠를 클릭한다.
⑦ 도면에서 배터리/셀을 선택한다.
⑧ 편집 메뉴를 선택한다.
⑨ 리본 메뉴에서 위치를 선택하고 왼쪽으로 90°회전을 선택한다.

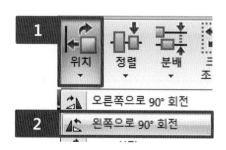

4) 회로 연결

① 아래 그림과 같이 회로를 완성한다.

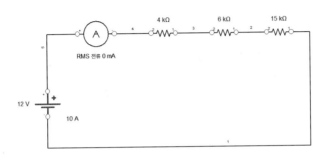

3.4.2 합성저항 회로 시뮬레이션

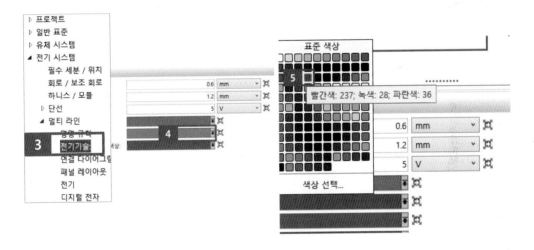

1) 시뮬레이션

■ **사용자 지정 메뉴 사용**

– 일반 시뮬레이션 시작(▶)을 누른다.

■ **메뉴 사용**

– 시뮬레이션 메뉴를 선택하고 리본 메뉴의 일반 시뮬레이션 아이콘을 누른다.

  시뮬레이션 시작을 하면 선 색상이 파란색과 회색으로 변경된다. 파란색은 DC 전압 와이어 색상이며 회색은 On null 전압 와이어 색상이다.

시뮬레이션을 정지(■)한다.

와이어 색상을 빨간색으로 변경해 보도록 한다.

① 보기 메뉴를 선택한다

② 프로젝트 속성을 선택하면 프로젝트 속성창이 나타난다.

③ 왼쪽 프로젝트 트리에서 [전기 시스템 → 멀티라인 → 전기기술]을 선택한다.

④ 시뮬레이션 탭을 선택한다.

⑤ DC 전압 와이어 색상에서 ⬇ 를 선택한다.

⑥ 색상표에서 빨간색을 찾아 선택하고 오른쪽 밑에 있는 ☑ 버튼을 클릭한다.

다시 시뮬레이션 시작을 하면 선 색상이 빨간색으로 변경된 것을 볼 수 있다.

2) 측정

(1) 멀티미터를 이용한 측정

각 저항의 전압과 전류를 측정하여 값을 확인하도록 한다.

① 시뮬레이션 메뉴에서 일반 시뮬레이션을 클릭한다.

② 시뮬레이션 메뉴에서 문제 해결 탭에 있는 멀티 미터를 선택한다.

③ 멀티 미터의 V⁼(DC전압 측정)을 선택한다.

④ 빨간색 테스트 봉을 4kΩ 앞에 가져가면 하이라이트 될 때 놓는다. 빨간색 테스트 봉이 저항 앞을 측정한다.

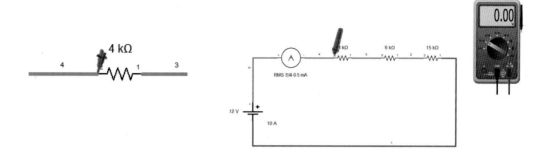

⑤ 검은색 테스트 봉을 15kΩ 끝에 가져가면 하이라이트 될 때 놓는다.

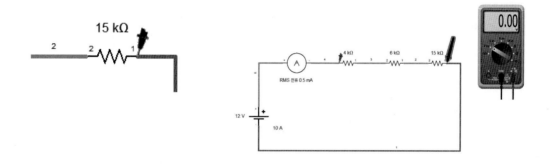

각 저항에 흐르는 전압은 아래 표와 같이 나타난다.

No.	저항	전압
1	4kΩ	12V
2	6kΩ	10.5V
3	15kΩ	7.16V

⑥ 시뮬레이션 정지를 한다.

(2) 측정계기를 이용한 측정

측정계기를 통해 각 저항별 흐르는 전류를 확인해 보도록 한다.

① 시뮬레이션 메뉴에서 일반 시뮬레이션을 클릭한다.

② 시뮬레이션 메뉴에서 측정 탭에 있는 2노드 다이내믹 측정계기를 선택한다.

③ 4kΩ 저항 앞 단자에 마우스를 가져다 놓으면 과녁 모양에 빨간색 점이 찍히고 왼쪽 마우스를 누른다.

④ 마우스를 누른 상태에서 측정값을 보기 위한 위치에 놓는다.

⑤ 다음 4kΩ 저항 끝 단자에 마우스를 가져다 놓고 왼쪽 마우스를 누른다.

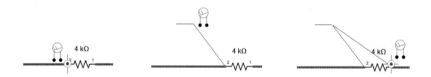

⑥ 측정계기 속성에서 측정 속성을 전류로 변경하고 표시된 단위를 mA를 선택한다.

⑦ 오른쪽 밑에 있는 ☑ 버튼을 클릭한다.

⑧ 4kΩ에 흐르는 전류를 확인할 수 있다.

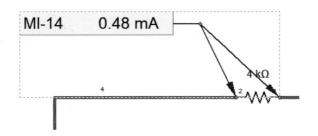

Exercise	병렬접속 합성 전압	제한시간
		20분

실습목표	병렬접속 저항 회로를 설계하고 각 저항별 전압을 측정한다.

구 성 요 소	규 격	수량	유 의 사 항
• 저항	2Ω, 4Ω	1	
• 배터리/셀	4V	1	

회로 설명

① 4V 전압과 저항 2Ω, 4Ω을 병렬로 접속한다.
② 이때 2Ω, 4Ω의 전압과 전류를 멀티미터와 측정계기로 측정하여 각 구간별 전류와 전압을 확인한다.

간략 기호도

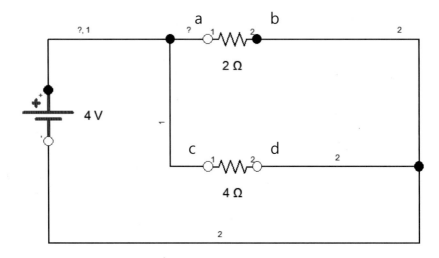

No.	저항	전류	전압
1	2Ω	A	V
2	4Ω	A	V

Exercise	병렬접속 합성 전압	제한시간
		20분
실습목표	직렬병렬접속 저항 회로를 설계하고 저항에 흐르는 전류를 측정한다.	

구 성 요 소	규 격	수량	유 의 사 항
저항	1.8Ω, 2Ω, 3Ω	1	
배터리/셀	6V	1	
전류계		1	

회로 설명

① 24V 전압과 저항 4kΩ, 6kΩ을 병렬로 접속한다.
② 이때 4kΩ, 6kΩ의 전압과 전류를 멀티미터와 측정계기로 측정하여 각 구간별 전류와 전압을 확인한다.

간략 기호도

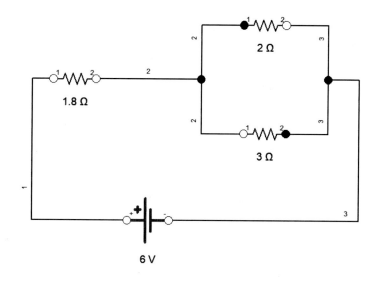

No.	저항	전류	전압
1	1.8Ω	A	V
2	2Ω	A	V
3	3Ω	A	V

Exercise	전압차 회로	제한시간
		20분
실습목표	저항회로를 설계하고 스위치 ON/OFF에 따른 전압의 차를 측정한다.	

구 성 요 소	규 격	수량	유 의 사 항
저항	200Ω, 200Ω, 50Ω	1	
배터리/셀	600V	1	
전류계		1	

회로 설명

① 600V 전압과 저항 200Ω, 200Ω, 50Ω, 스위치를 접속한다.
② SW를 열었을 때 bc 단자의 전압은 스위치를 받을 경우 bc 전압은 몇 배인지 확인한다.

간략 기호도

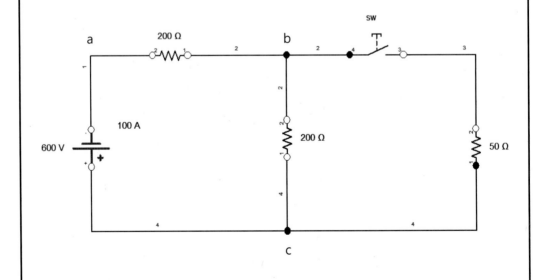

Exercise	브리지 평형회로	제한시간
		20분

실습목표	브리지 평형회로를 설계하고 회로의 합성 저항을 측정해 본다.		

구 성 요 소	규 격	수 량	유 의 사 항
저항	5Ω, 10Ω	2	

회로 설명

① 600V 전압과 저항 200Ω, 200Ω, 50Ω, 스위치를 접속한다.
② SW를 열었을 때 bc 단자의 전압은 스위치를 받을 경우 bc 전압은 몇 배인지 확인한다.

간략 기호도

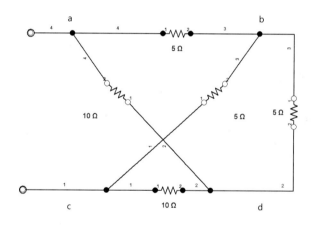

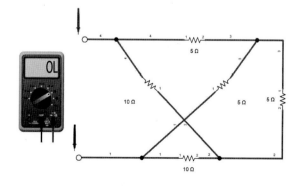

Exercise	정전용량 회로		제한시간
			20분
실습목표	콘덴서 직렬회로를 설계하고 회로의 전압을 측정해 본다.		

구 성 요 소	규 격	수량	유 의 사 항
커패시터	3uF, 5uF	1	

회로 설명

① 200V 전압과 커패시터 3uF, 5uF를 접속한다.
② 3uF, 5uF 양단의 전압이 몇 V인지 측정한다.

간략 기호도

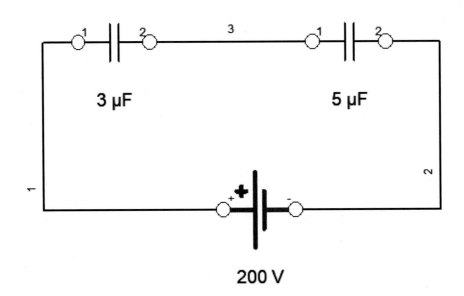

No.	저항	전압
1	3uF	V
2	5uF	V

3.4.3 시퀀스 제어 주요 기기

전기 시퀀스를 제어하기 위해서는 관련 전기기기를 배치하고 배선해야 한다. 그러기 위해서는 필요한 전기기기의 정의와 용도를 이해하고 설치나 배선할 때의 주의사항을 알아야 한다.

전기기기를 4가지로 구분하면 다음의 표와 같다.

구분	전기기기
주전원부	배선용 차단기, 퓨즈, 회로보호기, 파워 서플라이
제어부	PLC, 노이즈필터
입력부	스위치, 센서류
출력부	부저, 램프, 타워램프, 모터

1) 배선용 차단기(MCCB)

배선용 차단기는 MCCB(Molded Case Circuit Breaker) 또는 NFB(No Fuse Braker)라고 부른다. 과부하 차단 보호가 목적이며 누전 시 흐르는 누설 전류가 차단기의 정격전류를 넘어서도 차단기는 OFF 된다. 과부하란 합선에 의한 과대전류, 부하(기기, 기계)의 과다 사용으로 인한 전류의 과다한 흐름, 그리고 누전에 의한 과전류를 말한다.

차단기를 선정할 때는 다음의 사항을 고려한다.

① 사고전류 차단이 가능할 것

② 부하전류를 안전하게 통전할 수 있을 것

③ 사고 이외의 경우에 불필요하게 동작하지 않을 것

④ 목적으로 하는 보호가 가능할 것

⑤ 누전차단기의 정격전류는 부하전류 이상의 것을 선정할 것

⑥ 과부하 단락 보호 겸용 누전차단기의 정격전류는 분기 회로에서 사용되는 전선의 허용 전류치 이하의 것을 선정할 것

⑦ 회로전압에 적합한 정격 장치의 것을 선정할 것

⑧ 과부하, 단락 겸용 누전차단기는 그 시설 개소를 통과하는 단락 전류를 차단할 수 있는 것, 즉 단락전류치 이상의 정격 차단 용량을 가지는 것을 선정할 것

2) 퓨즈(Fuse)

퓨즈란 과전류, 특히 단락 전류가 흘렀을 때, 퓨지 엘레멘트가 용단되어 회로를 자동적으로 차단시켜 주는 역할을 하고, 퓨즈 홀더는 퓨즈를 고정시키는 것이다. 퓨즈는 납이나 주석 등 열에 녹기 쉬운 금속(가용체라고 한다)으로 되어 있으며, 퓨즈의 종류에는 포장형과 비포장형이 있고, 형태에 따라 통형, 걸이형, 실형 등의 여러 가지가 있다.

3) 회로 보호기(Circuit Protector)

일정 전류 이상이 회로에 흐르면 차단시켜 회로를 보호하는 장치로 외부 영향에 의한 보호 목적으로 사용된다.

4) 파워 서플라이(Power Supply)

전자기기를 작동시키기 위해서는 IC나 트렌지스터를 동작시키기 위한 안정된 직류전압이 필요하다. 외부 교류(AC)전압을 필요한 직류(DC)전압으로 만드는 장치이다.

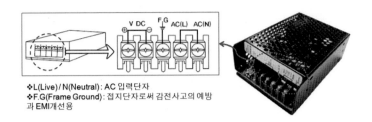

V DC F.G AC(L) AC(N)

❖L(Live) / N(Neutral) : AC 입력단자
❖F.G(Frame Ground) : 접지단자로써 감전사고의 예방
과 EMI개선용

배선 주의사항

- 입출력 배선은 되도록 굵고 짧게 배선한다.
- 부하전류를 허용 가능한 선 굵기로 선정한다.
- 전원 출력전압이 규정 출력 가변 범위를 넘지 않아야 한다.
- 부하 단락 시 허용 전류(정격전류의 1.6배 이상)를 고려한다.
- 입력선과 출력선은 확실하게 분리한다.
- 입출력선은 루프를 만들지 않는다.
- 접지선은 굵고 짧게 배선하여 어스 접지한다.
- 노이즈 필터를 접속한다.
- 리모트 센싱, 리모트 컨트롤의 신호선은 실드선을 사용한다.
- 모든 배선은 반드시 꼬아준다.

5) 노이즈 필터(Noise Filter)

AC 전원 라인은 외부의 노이즈가 전자기기로 침입하기도 하고, 전자기기의 내부에서 노이즈가 외부로 유출되는 경로가 되는데, 이러한 두 종류의 노이즈(Common Mode Noise, Normal Mode Noise)를 제거하는 필터링 회로가 필요하다.

연결 주의사항

- 노이즈 필터는 기기의 입출력 단자와 가장 가깝게 접속해야 하며, 입·출력선은 서로 겹치지 않도록 하여 감쇠 특성이 최대한 발휘되도록 한다.
- 노이즈 필터를 기기에 장착할 때는 가능한 고주파 저항을 최소화시키기 위해 금속 케이스의 노이즈 필터를 접속하는 기기의 접속 부분의 도장 성분을 제거하여 전기 전도성을 좋게 하며, 접지 단자가 있는 노이즈 필터는 반드시 노이즈 필터의 접지 단자와 가장 가까운 거리에 접지한다.
- 고전압의 Surge Impulse가 침투할 우려가 있는 경우에는 노이즈 필터 앞 단에 Surge Absorber를 사용하는 것이 좋다.
- 노이즈 필터의 전압, 전류 정격 이내에서 사용하여 노이즈 필터의 성능 및 신뢰성이 떨어지지 않도록 한다.

1) 접점

회로의 개폐 기능을 가진 기구를 일반적으로 스위치라 한다. 스위치는 접점(contact)으로 구성한다.

- a접점(albeit contact): 보통 때에는 접점이 떨어져 있고, 스위치를 조작할 때에만 접점이 붙는다.
- b접점(break contact): 보통 때에는 접점이 붙어 있고, 스위치를 조작할 때에는 접점이 떨어진다.
- c접점(전환 접점, 트랜스퍼 접점, change over contact): a접점과 b접점이 하나의 케이스 안에 있는 것으로, a접점과 b접점을 선택하여 사용할 수 있다.

2) 스위치

- 자동 복귀 접점: 누름 버튼 스위치의 접점과 같이 누르고 있는 동안은 ON 또는 OFF 되지만 조작력을 제거하면 스프링 등의 복귀 기구에 의해 원상태로 자동적으로 복귀하는 접점을 말한다.
- 수동 복귀 접점과 잔류 접점: 한 번 변환시킨 후 원상태로 복귀시키려면 외력을 가해야만 복귀되는 접점으로 대표적인 예가 가정의 점등 스위치이다.
- 수동 조작 접점과 자동 조작 접점: 접점을 ON 시키거나 OFF 시키는 것을 조작이라 하고, 누름 버튼 스위치나 셀렉터 스위치와 같이 손으로 조작하는 방식을 수동조작 접점이라 한다. 전기신호에 의해 자유로이 개폐되는 접점을 자동 조작 접점이라 한다.
- 기계적 접점: 수동조작 접점이나 자동 조작 접점과는 달리 기계적 운동 부분과 접촉하여 조작되는 6접점(예, 리밋 스위치, 마이크로 스위치의 접점)이다.

누름버튼 스위치

셀렉터 스위치

Key형 스위치

비상정지 스위치

상시 열림 누름 버튼	상시 닫힘 누름 버튼	상시 열림 토글 스위치	상시 닫힘 토글 스위치
상시 열림 리밋 스위치	상시 닫힘 리밋 스위치	상시 열림 접점	상시 닫힘 접점

① 스위치부와 조작부의 부착 방법: 조작부의 고정턱과 스위치부가 평행이 되는 방향으로 스위치부를 "따깍" 소리가 나도록 세게 눌러 조립한다.

② 캡의 조립 방법: 조광형 눌름 버튼 스위치의 조작부의 홈에 캡 안쪽의 음각 부위가 들어가도록 눌러 넣을 것

③ 전구 교환하는 방법: 램프를 손끝으로 잡고 소켓에 눌러 돌려 꽂는다(파손 주의).

④ 선택 스위치 조립방법: 우선 표면에 있는 2개의 날개를 조작부 2개소 음각 부위에 ① , ②의 순으로 눌러 넣고 다음에 패널 조작부를 눌러 넣는다. 눌러 넣어 줌으로써 조작부가 패널에 고정되며 뒷면에서 조여 부착한다.

1) 릴레이

전자계전기를 보통 릴레이(relay)라고 하며, 이 릴레이를 이용한 제어를 전자계전기 제어 또는 유접점 제어라 한다.

전자계전기는 철심에 코일을 감고 전류를 흘려주면 철심 전자석이 되어 철편을 끌어 당기는 전자기력이 생긴다. 이때 전자기력에 의하여 접점을 개폐하는 기능을 가진 제어 장치를 전자계전기라 한다.

코일과 연결된 A/B 접점의 수에 따라서 2P와 4P로 구분되며 배선을 위해서는 해당 소켓이 필요하다.

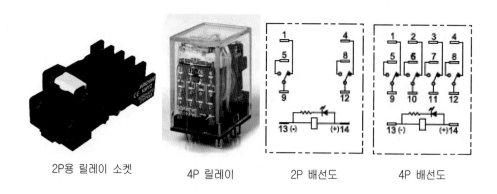

2P용 릴레이 소켓　　　4P 릴레이　　　2P 배선도　　　4P 배선도

2) 표시등

각 검출 요소에 표시등 또는 부저를 접속하여 회로의 동작 상태 및 고장 등을 구변하기 위하여 다음과 같이 색상을 구분하여 사용한다.

동작상태	색 상	기 호	영문
전원 표시	백색	WL, PL	white lamp, pilot lamp
운전 표시	적색	RL	red lamp
정지 표시	녹색	GL	green lamp
경보 표시	등색	OL	orange lamp
고장 표시	황색	YL	yellow lamp

3) 타워 램프

탑형 표시등(SIGN TOWER)이라고도 하며 각종 자동화 기계 등의 기동 정지 신호와 이상 발생 시 위치를 알려준다. 각층 내부에 반사경을 설치하여 반사광을 유효하게 이용함으로써 휘도 면적을 넓게 해준다.

각종 산업용 기계, 컨베이어 라인, 공사 현장 등에서 위험, 주의, 운전 표시 등의 용도로 사용된다.

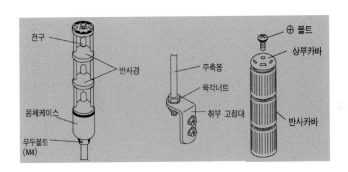

4) 타이머

전원을 투입하고 설정 시간이 경과한 후 회로를 전기적으로 개폐하는 접점을 가진 릴레이이다.

- 전원: 220V 접점 2와 7번, 110V 접점 4와 7에 연결
- 접점1과 접점 3: 순시 a접점, 전원 투입 시 즉시 ON
- 접점 8과 6: 한시 a접점, 타이머 설정 시간 후 ON
- 접점 8과 5: 한시 b접점, 타이머 설정 시간 후 OFF

5) 카운터

스위치나 센서의 입력 상태를 검출하여 계수하거나 기기를 조작하고자 할 때 카운터라는 계수기를 이용한다. 계수기에는 전자식 카운터(MC: Magnetic Counter)가 많이 사용된다.

- 적산식 카운터: 0 표시에서부터 계수를 시작하고, 설정값에 도달하면 내장된 마이크로 스위치를 작동한다. 적산식 카운터를 UP 카운터 또는 가산식 카운터라고도 한다.
- 감산식 카운터: 설정값에서부터 감산하여 0 표시가 되면 내장된 마이크로 스위치가 작동한다.

6) 출력 요소들의 기호

코일	온 타이머	오프 타이머	솔레노이드
전구	전동기	업 카운터	다운 카운터
	M	CTU 100 0	CTD 100 0

3.4.4 교류 시퀀스 회로 구성법

교류 전기 시퀀스 회로를 IEC 규격의 간략 기호도로 완성하고 시뮬레이션한다.
누름 버튼 스위치 메이크 접점 자동 리턴 스위치 PB1을 누르면 램프 RL이 점등된다.

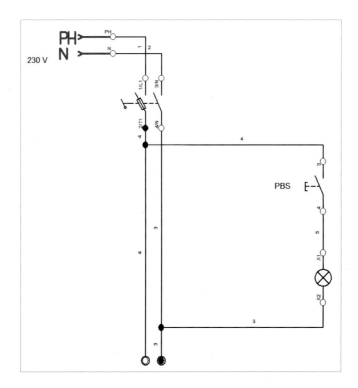

1) 문서 열기

① 홈 메뉴를 선택한다.

② 리본 메뉴에서 문서를 선택하고 전기기술 다이어그램을 선택한다.

③ 전기기술 다이어그램 탬플릿 창에서 확인 버튼을 누르면 전기기술 문서가 열린다.

2) 전원 선택

① 라이브러리 트리뷰에서 전기기술(IEC표준)의 ▷를 선택하여 목차를 연다.

② [전기기술(IEC표준) → 전력]의 ▷를 선택하여 목차를 연다.

③ [전력 → 에너지원]의 ▷를 선택하여 목차를 열고 컴포넌트 영역에서 단상 소스를 선택하고 문서 화면에 끌어다 놓는다.

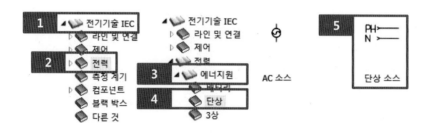

④ [전기기술 IEC → 제어 → 보호]를 선택하고 컴포넌트 영역에서 퓨즈와 퓨즈 스위치, 1극 +중성을 선택하고 문서 화면에 끌어다 놓는다.

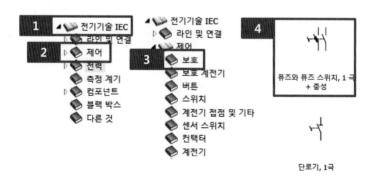

⑤ [전기기술 IEC → 라인 및 연결 → 터미널]을 선택하고 컴포넌트 영역에서 피드 스루 터미널 더블텍, 1접지 포함 2회로를 선택하고 문서 화면에 끌어다 놓는다.

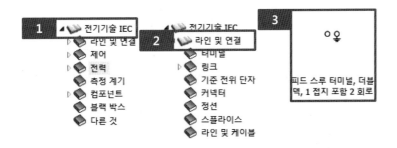

⑥ 컴포넌트 속성창이 나타나면 닫기 버튼을 누른다.

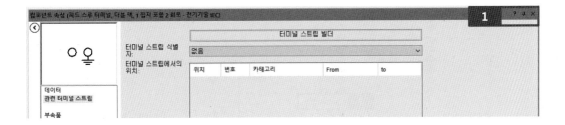

2) 전기 스위치와 전기 부하

① [전기기술 IEC → 제어 → 버튼]을 선택한다.

② 누름 버튼 스위치 메이크 접점과 자동 리턴 버튼을 화면에 옮겨 놓는다.

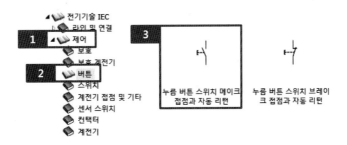

③ 변수 수정창에서 알리아스명을 PBS로 작성하고 확인 버튼을 클릭한다.

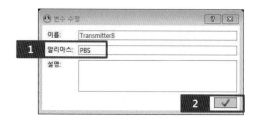

④ 같은 방법으로 [제어 → 신호장치]에 있는 램프를 화면에 옮겨 놓는다.

3) 요소 정렬

① 각 컴포넌트를 선택하여 정렬하도록 한다.

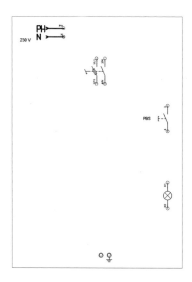

4) 전기회로 연결

① 홈 메뉴에서 다상 와이어 설정을 선택한다.

② 다상 와이어 설정창에서 표준 N, L1을 선택한다.

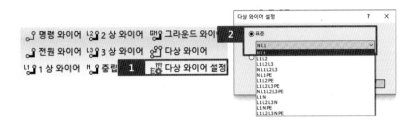

③ 다상 와이어를 선택한다.

④ 단상 소스 N포트를 선택하고 퓨즈와 퓨즈 스위치, 1극 +중성의 3/N 포트를 선택하면 배선이 연결된다.

⑤ 퓨즈와 퓨즈 스위치, 1극 +중성의 2/T1 포트를 선택하고 피드 스루 터미널 더블덱, 1접지 포함 2회로의 왼쪽 포트를 선택한다.

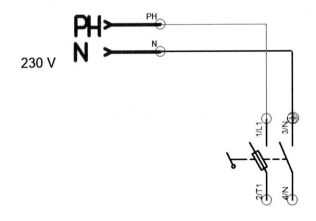

⑥ 다상 와이어 버튼을 눌러 다상 와이어 연결을 취소한다.

　※ Esc 버튼을 눌러도 취소된다.

⑦ 누름 버튼 스위치 메이크 접점과 자동 리턴 버튼 위쪽 포트를 선택하고 퓨즈와 퓨즈 스위치, 1극 +중성의 2/T1 포트와 피드 스루 터미널 더블덱, 1접지 포함 2회로의 왼쪽 포트가 연결된 와이어를 더블클릭한다.

⑧ 연결 서브 메뉴가 나타나면 PBS:3 @ :2/T1 연결을 선택한다.

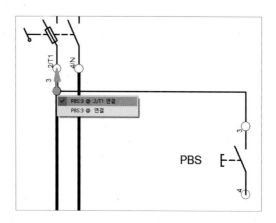

⑨ 누름 버튼 스위치 메이크 접점과 자동 리턴 버튼과 램프를 연결한다.

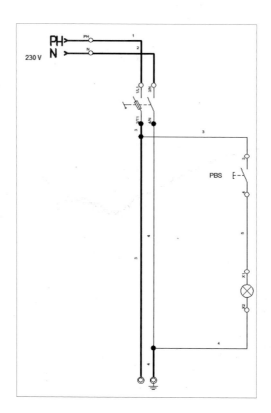

5) 시뮬레이션

- 사용자 지정 메뉴 사용: 일반 시뮬레이션 시작(▶)을 누른다.
- 메뉴 사용: 시뮬레이션 메뉴를 선택하고 리본 메뉴에 있는 일반 시뮬레이션 아이콘 누른다.

① 퓨즈와 퓨즈 스위치, 1극 +중성에 마우스를 가져가면 마우스 커서의 형상이 손 모양으로 변경되었을 때 누른다.

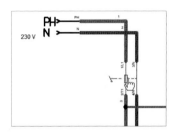

② 버튼 PBS을 누른다.

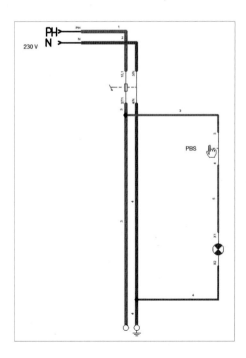

④ 시뮬레이션을 정지하고자 할 경우에는 사용자 지정 메뉴에서 시뮬레이션 정지(■)를 누른다.

Exercise	B접점 스위치 회로	제한시간
		20분

실습목표	B접점 스위치 회로를 구성하고 시뮬레이션할 수 있다.

구 성 요 소	규 격	수량	유 의 사 항
누름 버튼 스위치	B접점	1	
단상 소스		1	
지시등	녹색	1	
퓨즈와 퓨즈 스위치		1	

동작 조건

① 퓨즈와 퓨즈 스위치를 누르면 지시등이 켜진다.
② 누름 버튼 스위치를 누르면 지시등이 꺼진다.

간략 기호도

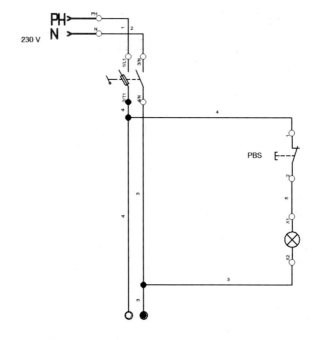

	평 가 항 목	만점	양호	보통	득점	비고
평가 기준	기기의 선정 및 배치	10	8	6		
	회로의 구성 및 작동 상태	10	8	6		
	작업 방법	10	8	6		
	작업 시간	10	8	6		

Exercise	C접점 스위치 회로	제한시간
		20분

실습목표	C접점 스위치 회로를 구성하고 시뮬레이션할 수 있다.		

구 성 요 소	규 격	수량	유 의 사 항
누름 버튼 스위치	A접점	1	
스위치 보조 접점	B접점	1	
단상 소스		1	
지시등		1	
퓨즈와 퓨즈 스위치		1	

동작 조건

① 퓨즈와 퓨즈 스위치를 누르면 GL 지시등이 켜진다.
② 누름 버튼 스위치를 누르면 RL 지시등이 켜지고 GL 지시등은 꺼진다.

간략 기호도

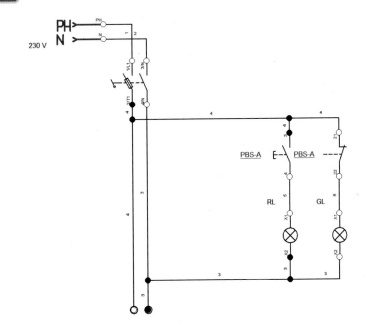

	평 가 항 목	만점	양호	보통	득점	비고
평가 기준	기기의 선정 및 배치	10	8	6		
	회로의 구성 및 작동 상태	10	8	6		
	작업 방법	10	8	6		
	작업 시간	10	8	6		

Exercise	자기 유지 회로	제한시간
		20분

실습목표	자기 유지 회로를 구성하고 시뮬레이션할 수 있다.

구 성 요 소	규 격	수량	유 의 사 항
누름 버튼 스위치	A접점, B접점	1	
단상 소스		1	
지시등		1	
퓨즈와 퓨즈 스위치		1	
코일		1	

동작 조건

① 퓨즈와 퓨즈 스위치를 누른다.
② 누름 버튼 스위치 PBS-A를 누르면 지시등이 켜진다.
③ 누름 버튼 스위치 PBS-B를 누르면 지시등이 꺼진다.

간략 기호도

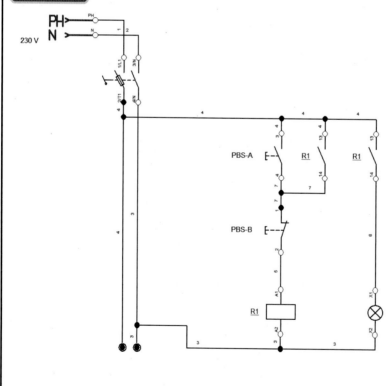

Exercise	전자 접촉기 회로		제한시간
			20분

실습목표	전자 접촉기 회로를 구성하고 시뮬레이션할 수 있다.

구 성 요 소	규 격	수량	유 의 사 항
누름 버튼 스위치		1	
중성선 3상 소스		1	
지시등	A접점, B접점	2	
퓨즈와 퓨즈 스위치		1	
코일		1	
컨텍터 3극		1	

동작 조건

① 퓨즈와 퓨즈 스위치를 누른다.
② 누름 버튼 스위치 PBS-A를 누르면 RL 지시등이 켜지고 3상 모터가 회전한다.
③ 누름 버튼 스위치 PBS-B를 누르면 GL 지시등이 켜지고 3상 모터가 멈춘다.

간략 기호도

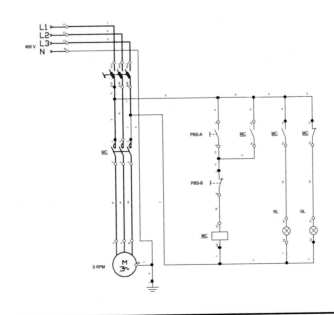

Exercise	타이머 제어 회로	제한시간
		30분
실습목표	타이머 제어 회로의 동작을 이해할 수 있다.	

동작 조건

① 퓨즈와 퓨즈 스위치를 누른다.

② 누름 버튼 스위치 PBS-A를 누르면 지시등이 켜지고 3상 모터가 회전한다.

③ 설정 시간이 지나면 지시등이 꺼지고 3상 모터가 정지한다.

간략 기호도

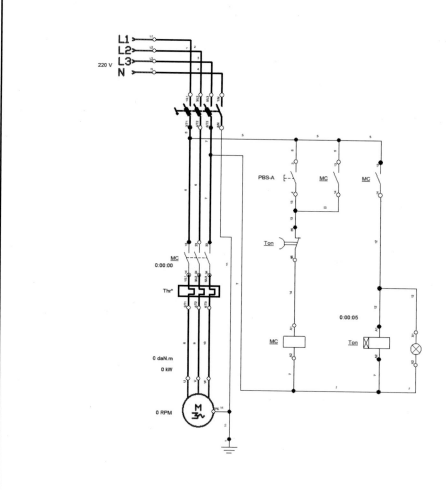

3.4.5 실배선도 구성법

AutomationStudio는 이미지, 워드 문서 등 외부에서 작성된 파일을 직접 불러와서 회로를 설계할 수 있다. 외부에서 이미지를 가져와서 실배선도를 설계한다.

3상 모터 회로에서 모터를 이미지로 가져 와서 동작되도록 한다. 간단한 3상 모터 회전하는 회로를 설계한다.

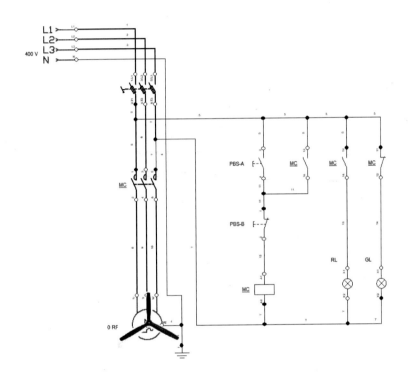

1) 이미지 불러오기

① 홈 메뉴에서 그리기 탭에 이미지를 선택한다.

② 도면에서 빈 곳에 마우스 왼쪽 버튼을 누른다.

③ 누른 상태에서 드래그하여 대각선으로 이동한다.

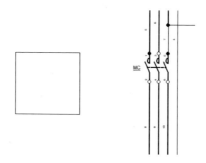

④ 이미지 삽입창이 나타나면 사진 폴더로 이동하여 프로펠러 이미지를 선택하고 열기 버튼을 누른다.

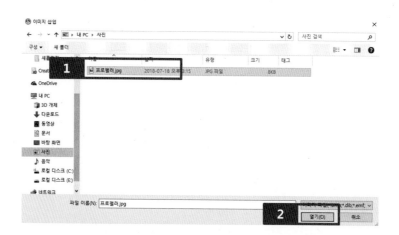

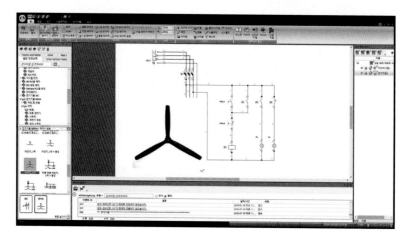

2) 투명도 설정

① 프로펠러를 더블클릭한다.

② 컴포넌트 속성에서 왼쪽에 투명도를 선택하고 투명도 체크 박스를 ☑ 체크한다.

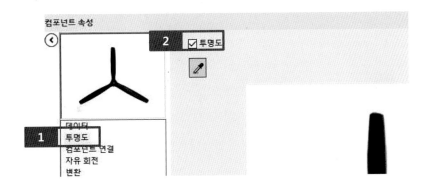

③ 스포이드를 선택하고 프로펠러 이미지의 흰색 공간을 선택한다.

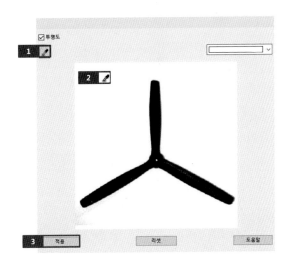

④ 적용 버튼을 누른다.

3) 연속 회전 설정

① 왼쪽 메뉴에서 연속 회전을 선택하고 연속 회전을 ◉ 체크한다.

② 임계값을 2로 변경하고 왼쪽 밑에 있는 체크 표시 ☑버튼을 클릭한다.

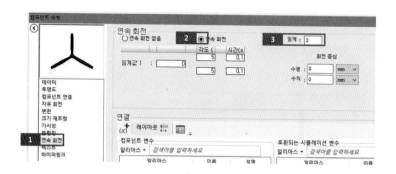

③ 회전 설정을 삭제하고 새로 정의하시겠습니까? 메시지가 나타나면 예 버튼을 클릭한다.

④ 임계값 1의 값을 1, 각도 0, 시간 0.1로 변경한다.

⑤ 임계값 1과 2의 사이 값을 각도 -45, 시간 0.1로 변경한다.

⑥ 임계값 2의 값을 2, 각도 60, 시간 0.1로 변경한다.

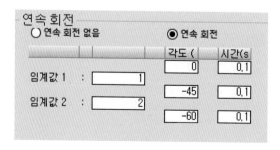

⑦ 회전 중심 오른쪽 밑에 있는 보기 버튼을 클릭한다.

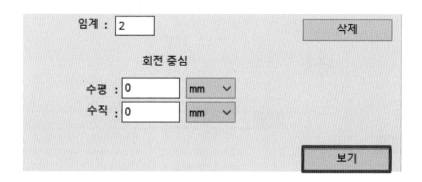

⑧ 회전 중심이 아래에 나타나며 회전 중심의 수평, 수직값을 변경하여 프로펠러 중심에 십자 +표시가 오도록 한다.

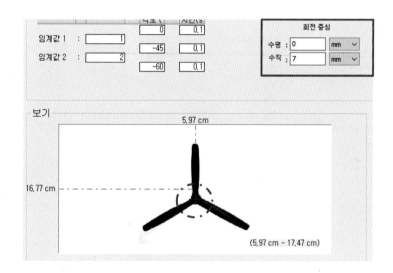

⑨ 오른쪽 밑에 있는 체크 버튼☑을 클릭한다.

4) 모터 연결

① 3상 모터를 더블클릭하고 컴포넌트 속성창의 왼쪽 메뉴에서 변수 지정을 선택한다.
② 각속도를 선택한다.

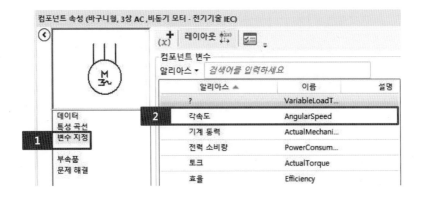

③ 연속 회전을 선택하고 선택한 컴포넌트 변수와 관련된 읽기나 쓰기 생성 버튼을 클릭한다.

④ 일반 시뮬레이션 시작을 누르고 퓨즈 스위치 3극을 선택한 후 PBS-A를 누르면 프로펠러가 회전한다.

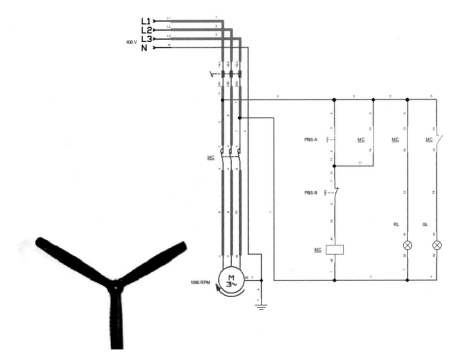

Exercise	물탱크 채우기	제한시간
		30분
실습목표	애니메이션 기능을 이용하여 물탱크 채우기를 만들 수 있다.	

동작 조건

① 퓨즈와 퓨즈 스위치를 누른다.
② 누름 버튼 스위치 PBS-A를 누르면 지시등이 켜지고 3상 모터가 회전한다.
③ 3상 모터 회전하면 물탱크에 물이 차오른다.

간략 기호도

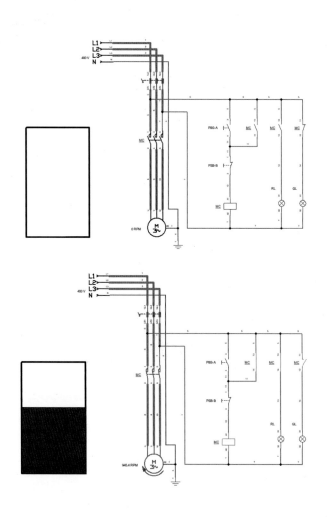

3.5 공유압 제어

3.5.1 공압기기

공압을 제어하기 위해서는 관련 공압기기를 배치하고 배선해야 한다. 그러기 위해서는 필요한 공압기기의 정의와 용도를 이해하고 설치나 배선할 때의 주의사항을 알아야 한다.

공압기기를 5가지로 구분하면 다음의 표와 같다.

구분	공압기기
구동 요소	실린더, 공압모터
최종 제어 요소	방향 제어 밸브
처리 요소	방향 제어 밸브, 논리턴 밸브, 압력·유량 제어 밸브
신호 요소	스위치, 리밋 스위치
에너지	공기압축기

1) 공압 실린더

피스톤 면에 공기 압력을 작용시켜 그 구동력을 외부로 내보내 직선 운동을 하는 엑츄에이터이다. 공압 실린더는 구조가 간단해서 손쉽게 직선 운동 기구를 만들 수 있어 공압 엑추에이터 중에서 가장 보편적으로 사용되고 있다.

단동 실린더	복동 실린더	공압 모터

공압 실린더는 온·오프 동작이 주체가 되어서 워크의 분리, 취출, 나사종급, 반송의 분리, 공급, 반송, 취출, 나사 조임, 구멍 뚫기, 클램프 등의 자동기계나 반송기기에 많이 사용된다. 최근에는 피드백 제어로서 정확한 중간 위치 정지가 가능하여 간이 산업

용 로봇팔의 액추에이터 등으로도 사용되고 있다.

본 실습에서는 주로 많이 사용되는 단동 실린더와 복동 실린더를 제어한다.

2) 공압 모터

압축 공기 에너지를 기계적인 회전 운동으로 바꾸어 주는 장치를 총칭하여 공압 모터라고 하고 회전각의 제한이 있는 회전 작업 요소를 분리하여 요동형 작업 요소로 부르기도 한다. 전기를 사용하는 전동기에 해당하는 작용을 하며 전화밸브로 시동, 정지, 정회전, 역회전 등을 제어한다.

3) 방향 제어 밸브

방향 제어 밸브는 흐름의 방향을 제어하는 밸브의 총칭이며 액추에이터에 공급하는 공기 흐름의 방향을 제어하기 위해 사용되며 종류는 아래 표와 같다.

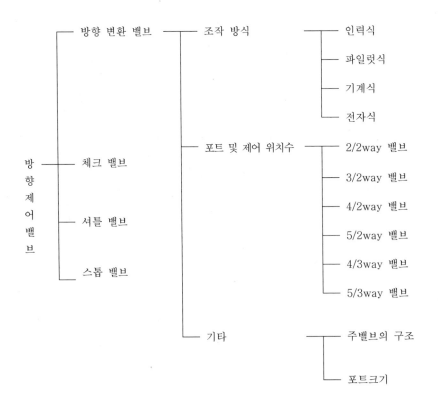

방향 제어 밸브는 KS에 따르면 2개 이상의 흐름 모양을 가지며 2개 이상의 포트를 갖는 것이라고 되어 있으며 포트 및 제어 위치 수에 따른 기호는 아래와 표와 같다.

포트 수	제어위치	밸브의 기본표시와 기능	포트수	제어위치	밸브의 기본표시와 기능
2	2	P (공급구) / A (출구)	3	3	A / PR 중립위치 클로우즈센터형
3	2	A / P R(배기구)	4	3	AB / PR 중립위치 클로우즈센터형
4	2	A B(출구) / PR	4	3	AB / PR 중립위치 엑조스트센터형
5	2	A B / R₁PR₂	4	3	AB / PR 중립위치 프레셔센터형

4) 논리턴 밸브

압축 공기가 흘러가는 방향에 따른 제어를 해주는 밸브로 한쪽 방향으로 공기를 공급해주는 체크 밸브, OR 논리 기능을 만족시켜 주는 셔틀 밸브, AND 논리 기능을 만족시켜 주는 2압 밸브 그리고 배기를 급속하게 해주어 실린더의 속도를 증가시킬 수 있는 급속 배기 밸브가 있다.

체크 밸브	셔틀 밸브	2압 밸브	급속 배기 밸브

5) 압력 제어 밸브

압력에 큰영향을 미치거나 압력의 크기에 의해 제어되는 밸브이다. 압력 제어 밸브에는 감압 밸브, 릴리프 밸브, 시퀀스 밸브 등이 있다.

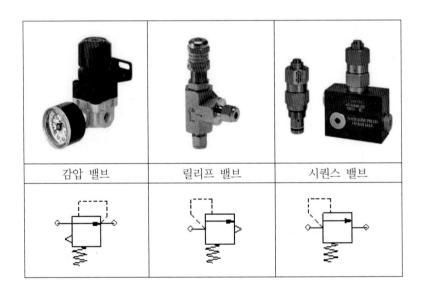

감압 밸브	릴리프 밸브	시퀀스 밸브

6) 유량 제어 밸브

유량 제어 밸브는 밸브 안의 통과 유량을 제어하여 액추에이터의 속도 조정, 각종 밸브의 개폐 속도의 변경, 가변 용량 펌프, 모터의 밀어내는 용적 변경, 속도의 조정 등에 사용된다. 가변 교축 밸브가 대표적인 종류이다.

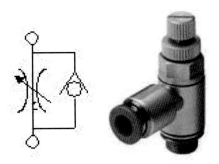

7) 공기 압축기

공압에너지를 만드는 기계로서 공압장치는 이 압축기를 출발점으로 구성된다. 공기 압축기는 대기 중의 공기를 흡입하여 1kg/cm^2 이상의 압력으로 압축하는 기기이다.

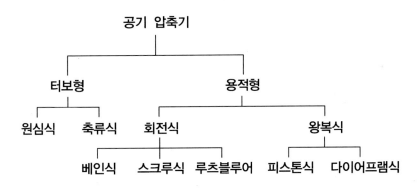

【그림】 왕복식 공기 압축기　　　　　【그림】 회전식 공기 압축기

3.5.2 공압 회로 구성

수동 작동 밸브를 누르면 단동 실린더가 전진하고 스위치를 놓으면 복귀한다.

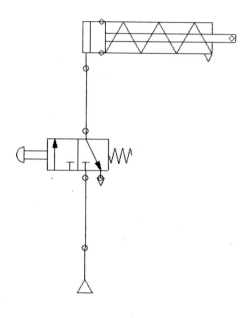

1) 발생 장치 선택

① 라이브러리 트리뷰에서 [공압 → 컴프레서 및 파워 유닛 → 압력 소스]를 선택한다.

② 공압 압력 소스를 문서 화면에 끌어다 놓는다.

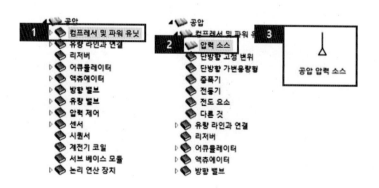

2) 밸브 선택

① 라이브러리 트리뷰에서 [공압 → 방향 밸브]를 선택한다.

② 컴포넌트 영역에 수동 작동 밸브를 선택하고 문서 화면에 끌어다 놓는다.

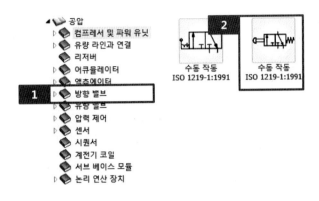

3) 단동 실린더 구성

① 라이브러리 트리뷰에서 [공압 → 액추에이터]를 선택한다.

② [액추에이터 → 단동실린더(빌더)]를 선택한다.

③ 컴포넌트 영역의 스프링 수축 단동실린더를 선택하고 문서 화면에 끌어다 놓는다.

4) 배기 구성

① 라이브러리 트리뷰에서 [공압 → 유량 라인과 연결]를 선택한다.

② [유량 라인과 연결 → 배기]를 선택한다.

③ 컴포넌트 영역 안에 직접 배기를 선택하고 문서 화면에 끌어다 놓는다.

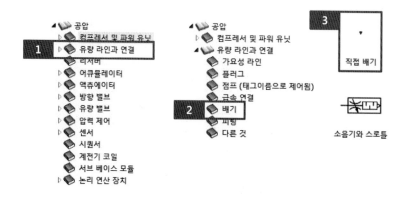

5) 포트 연결

① 공압 압력 소스 위쪽에 있는 포트 선택, 수동 작동 밸브 입력 포트를 선택한다.

② 수동 작동 밸브의 출력 포트를 선택하고 스프링 수축 단동실린더의 입력 포트를 선택한다.

③ 직접 배기 선택, 수동 작동 밸브 배기 포트와 직접 배기 포트를 겹치도록 놓는다.

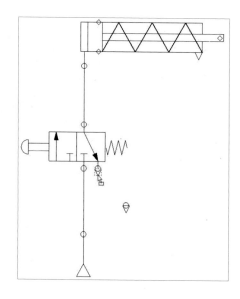

6) 시뮬레이션

■ 사용자 지정 메뉴 사용

- 일반 시뮬레이션 시작(▶)을 누른다.

■ 메뉴 사용

- 시뮬레이션 메뉴를 선택하고 리본 메뉴의 일반 시뮬레이션 아이콘을 누른다.

① 수동 조작 밸브의 누름 버튼 위치에 마우스를 가져다 놓으면 형상이 손 모양으로 변경되고 변경되었을 때 누른다.

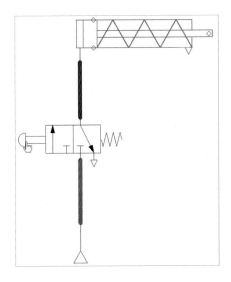

최대 압력은 10bar일 경우 실린더의 미는 힘은 500N일 때 실린더의 끝단의 부하는 몇 Kg까지 밀 수 있는가?

① 실린더를 더블클릭한다.

② 컴포넌트 특성에서 데이터를 선택한다.

③ 외부 부하의 값을 변경하여 값을 찾는다.

⊟ 기술 - 외부 데이터						
★	감지 범위(%)	☐	10	% ▼	☐	⊞
★	외부 미는 힘	☐	0	N ▼	☐	⊞
★	외부 부하 (M)	☐		kg ▼	☐	⊞

외부 부하의 변화에 따른 선형 속도 특성 곡선은 어떻게 변화되는지 확인해 본다.

① 외부 부하를 0으로 한다.

② 일반 시뮬레이션 시작을 한다.

③ 시뮬레이션 메뉴에서 측정하기 탭에 컴포넌트 다이내믹 측정하기를 선택한다.

④ 실린더를 선택한다.

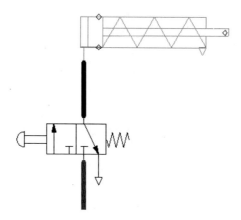

⑤ 실린더를 선택한 상태에서 빈곳에 드래그하고 놓는다.

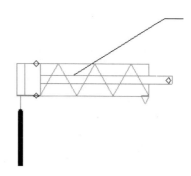

⑥ 측정계기 속성에서 선형 속도를 선택한다.

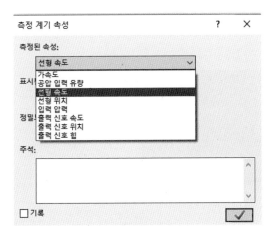

⑦ 체크 버튼을 클릭하고 시뮬레이션 정지를 한다.

⑧ 측정하기에서 Y(t) 플로터를 선택한다.

⑨ 측정계기를 선택하고 드래그하여 Y(t) 플로터에 놓는다.

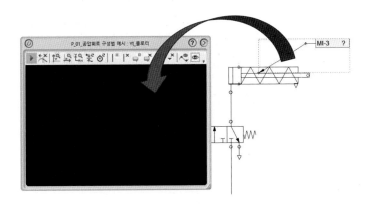

⑩ 일반 시뮬레이터 시작을 클릭한다.

⑪ 플로터에 선형 속도 특성 그래프가 나타난다.

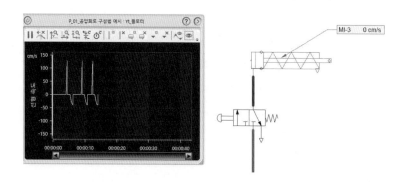

각 부하의 값을 50, 100, 250, 300으로 변경하면서 특성을 확인해 본다.

부하	특성 곡선
50	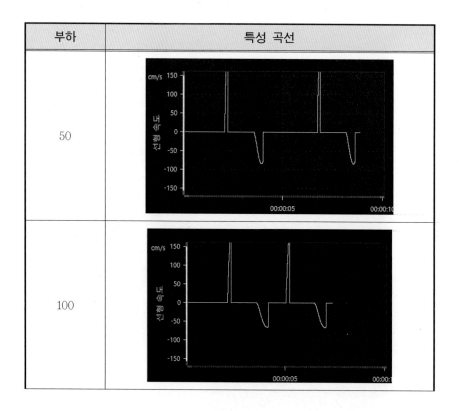
100	

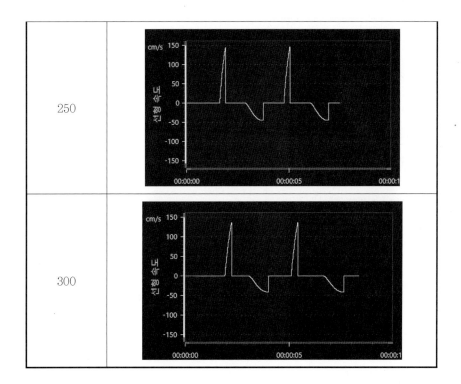

| 250 | |
| 300 | |

부하가 올라갈수록 선형 속도는 복귀 시 느려지는 것을 볼 수 있다.

Exercise	단동실린더 간접 제어	제한시간
		10분

실습목표	① 단동실린더의 간접 제어 방법을 이해할 수 있다. ② 단방향 파일럿 밸브를 이용하여 단동실린더를 제어할 수 있다.

구 성 요 소	수량	구 성 요 소	수량
• 단동실린더 　(공압>액추에이터>단동실린더)	1	• 3/2 way 단방향 밸브 　(공압>방향 밸브>외부적으로 조종됨)	1
• 3/2 way 스위치 작동 밸브 　(공압>방향 밸브>3/2 way 밸브)	1	• 압력원	1
• 필터 　(공압>유체정화기기>필터)	1		

동작 조건

스위치 작동 밸브를 누르면 단방향 파일럿 밸브가 동작되어 단동실린더를 전진시킨다.

공압 회로도

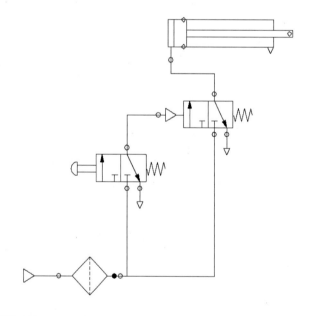

	평 가 항 목	만점	양호	보통	득점	비고
평가 기준	기기의 선정 및 배치	10	8	6		
	회로의 구성 및 작동 상태	10	8	6		
	작업 방법	10	8	6		
	작업 시간	10	8	6		

Exercise	복동실린더 직접 제어	제한시간
		10분

실습목표	① 복동실린더의 직접 제어 방법을 이해할 수 있다. ② 스위치 작동 밸브를 이용하여 단동실린더를 제어할 수 있다.

구 성 요 소	수량	구 성 요 소	수량
• 복동실린더 　(공압>액추에이터>복동실린더) • 5/2 way 스위치 작동 밸브 　(공압>방향 밸브>5/2 way 밸브)	1 1	• 필터 　(공압>유체 정화기기>필터) • 압력원 　(공압>컴프레서 및 파워유닛>압력 소스) • 배기 　(공압>유량라인과 연결>배기)	1 1 1

동작 조건

스위치 작동 밸브를 누르면 실린더가 전진하고 스위치를 놓으면 복귀한다.

공압 회로도

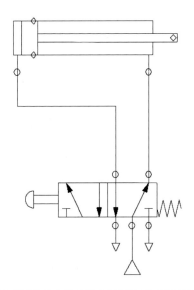

	평 가 항 목	만점	양호	보통	득점	비고
평가 기준	기기의 선정 및 배치	10	8	6		
	회로의 구성 및 작동 상태	10	8	6		
	작업 방법	10	8	6		
	작업 시간	10	8	6		

방향 밸브 빌더

① 라이브러리 트리뷰에서 [공압 → 방향 밸브]를 선택한다.

② [방향 밸브 → 5/2-Way]를 선택한다.

③ 컴포넌트 영역 안에 5/2-Way NC 밸브를 선택하고 문서 화면에 끌어다 놓는다.

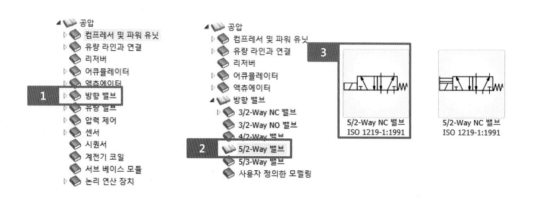

④ 문서 화면에 5/2-Way NC 밸브를 더블클릭한다.

⑤ 컴포넌트 속성창이 열리고 속성창 오른쪽 메뉴에 빌더를 선택한다.

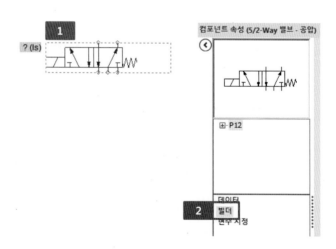

⑥ 심볼 및 디스플레이 정보에 있는 5/2-Way NC 밸브의 조작 위치를 선택하고 오른쪽 위에 있는 삭제 버튼을 클릭한다.

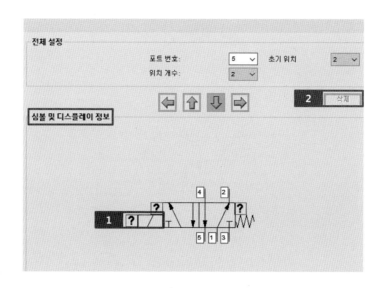

⑦ 조작 위치에 있는 ? 버튼을 더블클릭한다.

⑧ 명령어 선택창에서 누름 버튼을 선택하고 √버튼을 클릭한다.

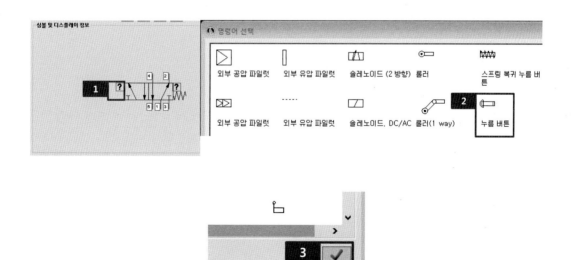

⑨ 전체 설정 밑에 있는 화살표 버튼 중에 아래로 버튼을 여러 번 눌러 조작 위치에 있는 누름 버튼을 밸브 중앙에 오도록 이동시킨다.

⑩ 누름 버튼이 밸브 중앙에 오면 √버튼을 클릭한다.

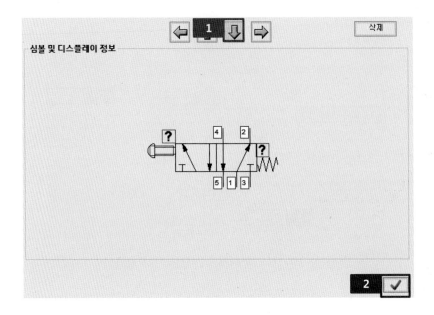

⑪ 문서 화면에 누름 버튼 5/2-Way 밸브가 제작되어 있다.

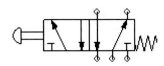

⑫ 복동실린더와 배기, 공압 압력 소스를 끌어다 놓고 회로를 완성한다.

Exercise	복동실린더 간접 제어	제한시간
		10분

실습목표	① 복동실린더의 간접 제어 방법을 이해할 수 있다. ② 단방향 파일럿 밸브를 이용하여 단동실린더를 제어할 수 있다.

구 성 요 소	수량	구 성 요 소	수량

• 복동실린더
  (공압〉액추에이터〉복동실린더)
	1	• 5/2 way 단방향 파일럿 밸브
		  (공압〉방향 밸브〉 5/2 way 밸브)
			1

• 3/2 way 스위치 작동 밸브 (공압〉방향 밸브〉3/2 way 밸브)	1	• 압력원	1
• 필터 (공압〉유체정화기기〉필터)	1		

동작 조건

두 개의 누름 버튼 중 어느 하나만 누르면 실린더가 전진하고, 누름 버튼을 놓으면 실린더가 후진한다.

공압 회로도

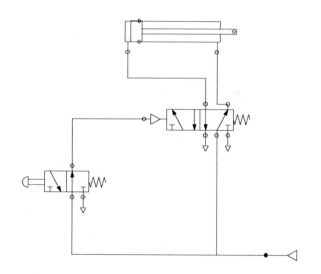

	평 가 항 목	만점	양호	보통	득점	비고
평가 기준	기기의 선정 및 배치	10	8	6		
	회로의 구성 및 작동 상태	10	8	6		
	작업 방법	10	8	6		
	작업 시간	10	8	6		

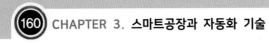
Exercise	미터인 제어	제한시간
		10분

실습목표	① 유량 제어 밸브를 사용하여 복동실린더의 속도를 제어할 수 있다. ② 미터인 방식으로 실린더의 전진 속도를 제어할 수 있다.

구 성 요 소	수량	구 성 요 소	수량
• 복동실린더 　(공압〉액추에이터〉복동실린더)	1	• 교축릴리프 밸브 　(공압〉유량 밸브〉논리턴 밸브)	2
• 5/2 way 스위치 작동 밸브 　(공압〉방향 밸브〉5/2 way 밸브)	1	• 압력원	1

동작 조건

스위치 작동 밸브를 누르면 복동실린더가 전진하며 속도는 50%이고 후진 시 100% 속도로 동작한다.

공압 회로도

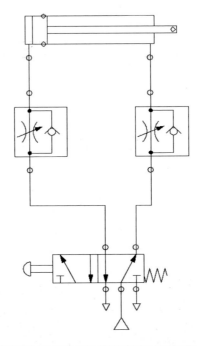

평가 기준	평 가 항 목	만점	양호	보통	득점	비고
	기기의 선정 및 배치	10	8	6		
	회로의 구성 및 작동 상태	10	8	6		
	작업 방법	10	8	6		
	작업 시간	10	8	6		

1) 유량 밸브 선택

① 라이브러리 트리뷰에서 [공압 → 유량 밸브]를 선택한다.

② [유량 밸브 → 논리턴 밸브가 있는 유량 제어 밸브]를 선택한다.

③ 컴포넌트 영역 안에 가변 논리턴 스로틀 밸브를 선택하고 문서 화면에 끌어다 놓는다.

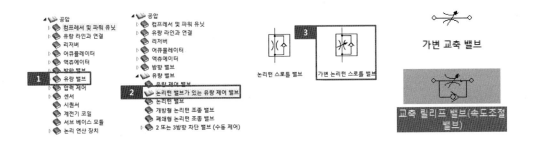

2) 밸브의 유량 설정

① 시뮬레이션을 시작한다.

  • 사용자 지정 메뉴 사용

  – 일반 시뮬레이션 시작(▶)을 누른다.

  • 메뉴 사용

  – 시뮬레이션 메뉴 선택하고 리본 메뉴에 있는 일반 시뮬레이션 아이콘을 누른다.

② 복동실린더 입력 포트에 있는 가변 논리턴 스로틀 밸브를 선택한다.

③ 설정창이 나타나며 내부 지름과 크래킹 압력을 설정할 수 있다.

④ 내부 지름을 10mm, 크래킹 압력을 10bar로 설정하고 동작을 확인한다.

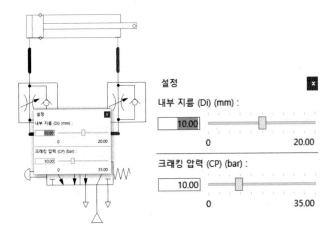

Exercise	미터아웃 제어	제한시간
		10분
실습목표	① 유량 제어 밸브를 사용하여 복동실린더의 속도를 제어할 수 있다. ② 미터아웃 방식으로 실린더의 후진 속도를 제어할 수 있다.	

구 성 요 소	수량	구 성 요 소	수량
• 복동실린더 　(공압>액추에이터>복동실린더) • 5/2 way 스위치 작동 밸브 　(공압>방향 밸브>5/2 way 밸브)	1 1	• 가변 논리턴 스로틀 밸브 　(공압>유량 밸브>논리턴 밸브) • 압력원	2 1

동작 조건

스위치 작동 밸브를 누르면 복동실린더가 전진하며 속도는 100%이고 후진 시 10%속도로 동작한다.

공압 회로도

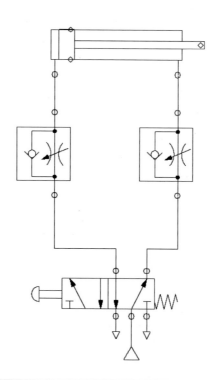

평가 기준	평 가 항 목	만점	양호	보통	득점	비고
	기기의 선정 및 배치	10	8	6		
	회로의 구성 및 작동 상태	10	8	6		
	작업 방법	10	8	6		
	작업 시간	10	8	6		

Exercise	차압 작동회로 제어	제한시간
		20분

| 실습목표 | ① 사용 공기 압력을 안정된 공기압으로 실린더를 제어할 수 있다.
② 차압작동회로를 구성할 수 있다. | | |

구 성 요 소	수량	구 성 요 소	수량
• 복동실린더 　(공압〉액추에이터〉복동실린더)	1	• 압력계 　(공압〉측정계기〉압력계)	1
• 3/2 way 스위치 조작 밸브 　(공압〉방향 밸브〉3/2 way 밸브)	1	• 압력원	1
• 감압 밸브 　(공압〉압력 제어〉감압 밸브)	1		

동작 조건

감압 밸브의 제한 설정을 변경하여 복동실린더의 전진 압력을 감압하여 동작시킨다.

공압 회로도

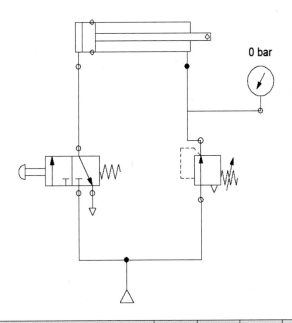

	평 가 항 목	만점	양호	보통	득점	비고
평가 기준	기기의 선정 및 배치	10	8	6		
	회로의 구성 및 작동 상태	10	8	6		
	작업 방법	10	8	6		
	작업 시간	10	8	6		

1) 감압 밸브 선택

① 라이브러리 트리뷰에서 [공압 → 압력 제어]를 선택한다.

② [압력 제어 → 감압밸브]를 선택한다.

③ 컴포넌트 영역 안에 가변 감압 밸브를 선택하고 문서 화면에 끌어다 놓는다.

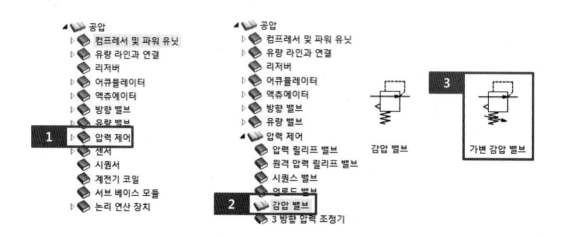

2) 압력계 선택

① 라이브러리 트리뷰에서 [공압 → 측정계기]를 선택한다.

② 컴포넌트 영역 안에 압력계를 선택하고 문서 화면에 끌어다 놓는다.

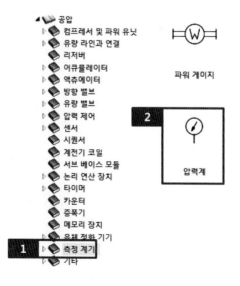

3) 감압 밸브 설정

① 시뮬레이션을 시작한다.

② 갑압 밸브를 선택한다.

③ 설정창이 나타나고 설정 압력을 변경할 수 있다.

④ 설정 압력을 0bar로 변경하고 동작시켜 본다.

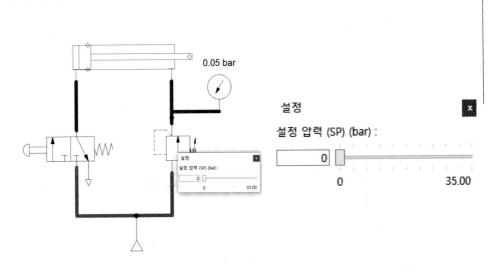

⑤ 설정 압력을 35bar로 변경하고 동작시켜 본다.

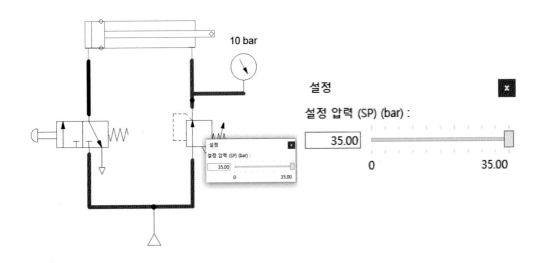

Exercise	실린더 중간 정지 제어	제한시간
		20분

실습목표	① 복동실린더의 중간 정지 제어 회로를 구성할 수 있다. ② 중간 정지형 방향 제어 밸브의 동작 특성을 알 수 있다.

구 성 요 소	수량	구 성 요 소	수량
• 복동실린더 (공압>액추에이터>복동실린더)	1	• 2/2 way 단방향 밸브 (공압>방향 밸브>2/2 way 밸브)	1
• 5/2 way 스위치 조작 밸브 (공압>방향 밸브>5/2 way 밸브)	1	• 2/2 way 스위치 조작 밸브 (공압>방향 밸브>2/2 way 밸브) • 압력원	1

동작 조건

① 5/2 way 스위치 조작 밸브를 누르면 실린더는 전진하고 떼면 후진한다.
② 실린더가 전·후진하는 동안 2/2 way 단방향 파일럿 밸브를 누르면 실린더는 정지한다.

공압 회로도

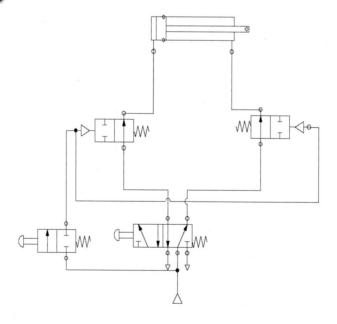

	평 가 항 목	만점	양호	보통	득점	비고
평가 기준	기기의 선정 및 배치	10	8	6		
	회로의 구성 및 작동 상태	10	8	6		
	작업 방법	10	8	6		
	작업 시간	10	8	6		

Exercise	AND 회로 2압 밸브	제한시간
		20분

실습목표	①공압 회로 제어에서 논리회로를 구성할 수 있다. ②AND 논리 밸브를 사용하여 회로를 구성할 수 있다.

구 성 요 소	수량	구 성 요 소	수량
• 복동실린더 　(공압〉액추에이터〉복동실린더)	1	• 5/2 way 단방향 밸브 　(공압〉방향 밸브〉5/2 way 밸브)	1
• 3/2 way 스위치 조작 밸브 　(공압〉방향 밸브〉3/2 way 밸브)	2	• 압력원	1
• AND 밸브 　(공압〉유량 밸브〉AND 밸브)	1		

동작 조건

① 3/2 way 스위치 조작 밸브 2개를 동시에 누르면 실린더가 전진한다.
② 두 개의 밸브 중 어느 하나라도 누르지 않으면 실린더는 동작하지 않는다.

공압 회로도

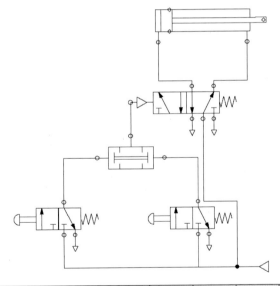

평가 기준	평 가 항 목	만점	양호	보통	득점	비고
	기기의 선정 및 배치	10	8	6		
	회로의 구성 및 작동 상태	10	8	6		
	작업 방법	10	8	6		
	작업 시간	10	8	6		

Exercise	OR 회로	제한시간
		20분

실습목표	① 공압회로 제어에서 논리회로를 구성할 수 있다. ② OR 논리 밸브를 사용하여 회로를 구성할 수 있다.

구 성 요 소	수량	구 성 요 소	수량
• 복동실린더 (공압〉액추에이터〉복동실린더)	1	• 5/2 way 단방향 밸브 (공압〉방향 밸브〉5/2 way 밸브)	1
• 3/2 way 스위치조작 밸브 (공압〉방향 밸브〉3/2 way 밸브)	2	• 압력원	1
• 셔틀 밸브 (공압〉유량 밸브〉셔틀 밸브)	1		

동작 조건

① 2개의 3/2 way 스위치 조작 밸브 중 어느 하나라도 누르면 실린더는 전진한다.
② 3/2 way 스위치 조작 밸브를 누르지 않으면 실린더는 동작하지 않는다.

공압 회로도

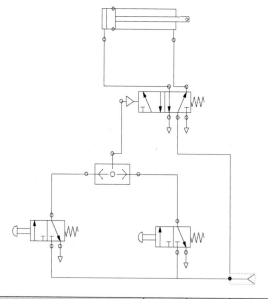

평가 기준	평 가 항 목	만점	양호	보통	득점	비고
	기기의 선정 및 배치	10	8	6		
	회로의 구성 및 작동 상태	10	8	6		
	작업 방법	10	8	6		
	작업 시간	10	8	6		

Exercise	복동실린더 전·후진 제어 회로	제한시간
		20분

실습목표	① 복동실린더 전·후진 회로의 동작 원리를 이해할 수 있다. ② 5/2way 양방향 파일럿 밸브의 동작 원리를 이해할 수 있다.

구 성 요 소	수량	구 성 요 소	수량
• 복동실린더 (공압>액추에이터>복동 실린더)	1	• 3/2 way 스위치 조작 밸브 (공압>방향 밸브>3/2 way 밸브)	2
• 5/2 way 양방향 밸브 (공압>방향 밸브>5/2 way 밸브)	1	• 압력원	1

동작 조건

① 3/2 way 스위치 조작 밸브 V2를 누르면 실린더가 전진한다.
② 3/2 way 스위치 조작 밸브 V3을 누르면 실린더가 후진한다.

공압 회로도

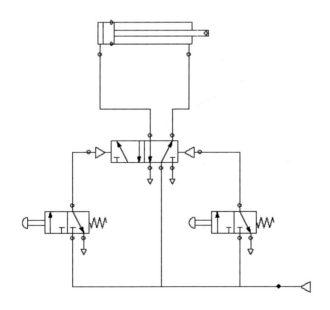

평가 기준	평 가 항 목	만점	양호	보통	득점	비고
	기기의 선정 및 배치	10	8	6		
	회로의 구성 및 작동 상태	10	8	6		
	작업 방법	10	8	6		
	작업 시간	10	8	6		

Exercise	복동실린더 자동 왕복 제어 회로	제한시간
		20분

실습목표	① 복동실린더 자동 왕복 제어회로를 구성할 수 있다. ② 3/2 way 롤러 작동 밸브의 특성에 대해 이해할 수 있다.

구 성 요 소	수량	구 성 요 소	수량
• 복동실린더 (공압>액추에이터>복동실린더)	1	• 3/2 way 롤러 작동 밸브 (공압>방향 밸브>3/2 way 밸브)	1
• 5/2way 양방향 밸브 (공압>방향 밸브>5/2 way 밸브)	1	• 리미트 센서 (양방향) (공압>센서>양방향 센서)	1
• 3/2 way 스위치 조작 밸브 (공압>방향 밸브>3/2 way 밸브)	1	• 압력원	1

동작 조건

① 3/2 way 스위치 조작 밸브를 누르면 실린더가 전진한다.
② 실린더가 전진 동작을 완료하면 3/2 way 롤러 작동 밸브에 의해 후진한다.

공압 회로도

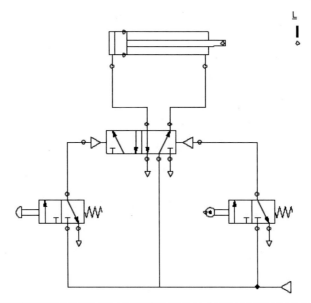

평가 기준	평 가 항 목	만점	양호	보통	득점	비고
	기기의 선정 및 배치	10	8	6		
	회로의 구성 및 작동 상태	10	8	6		
	작업 방법	10	8	6		
	작업 시간	10	8	6		

1) 기계적으로 조종되는 밸브 선택

① 라이브러리 트리뷰에서 [공압 → 방향 밸브]를 선택한다.

② 컴포넌트 영역 안에 기계적으로 조정됨 NC를 선택하고 문서 화면에 끌어다 놓는다.

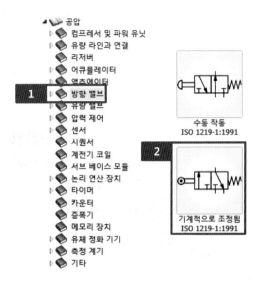

2) 양방향 센서 선택

① 라이브러리 트리뷰에서 [공압 → 센서]를 선택한다.

② 컴포넌트 영역 안에 양방향 센서 참고를 선택하고 문서 화면에 끌어다 놓는다.

③ 변수 수정창에서 알리아스를 L로 작성하고 √버튼을 클릭한다.

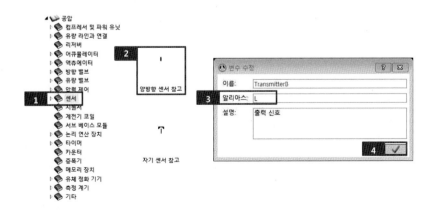

3) 컴포넌트 배치

① 양방향 센서 참고를 실린더의 ◇모양과 수평상에 놓는다.

② 실린더 전진 위치에 양방향 센서 참고를 놓는다.

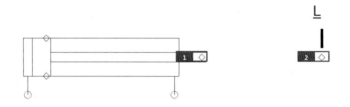

4) 기계적으로 조종되는 밸브 설정

① 기계적으로 조종되는 밸브를 더블클릭한다.

② 컴포넌트 속성창에서 ? 알리아스를 선택한다.

③ 호환되는 시뮬레이션 변수에서 검색창에 L을 작성한다.

④ 호환되는 시뮬레이션 변수 L을 선택한다.

⑤ 컴포넌트 속성창 오른쪽 하단에 있는 선택한 컴포넌트 변수와 관련된 읽기나 쓰기 생성 버튼을 클릭한다.

⑥ 연결되면 양방향 센서의 알리아스 L에 밑줄이 표시되고 파란색으로 색상이 변경 된다.

Exercise	복동실린더 연속 자동 왕복 작동 회로	제한시간
		30분

실습목표	① 복동실린더 자동 왕복 제어회로를 구성할 수 있다. ② 3/2 way 롤러 작동 밸브의 특성에 대해 이해할 수 있다.

구 성 요 소	수량	구 성 요 소	수량
• 복동실린더 　(공압〉액추에이터〉복동 실린더)	1	• 3/2 way 롤러 작동 밸브 　(공압〉방향 밸브〉3/2 way 밸브)	2
• 3/2 way 스위치 조작 밸브 　(공압〉방향 밸브〉3/2 way 밸브)	1	• 리미트 센서 　(공압〉센서〉양방향 센서)	2
• 5/2way 양방향 밸브 　(공압〉방향 밸브〉5/2 way 밸브)	1	• 압력원	1

동작 조건

① 3/2 way 스위치 조작 밸브를 누르면 실린더가 전진한다.
② 리미트 센서 L2가 감지되면 실린더는 후진한다.
③ 다시 리미트 센서 L이 감지되면 진진한다.

공압 회로도

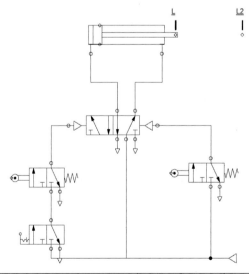

평가 기준	평 가 항 목	만점	양호	보통	득점	비고
	기기의 선정 및 배치	10	8	6		
	회로의 구성 및 작동 상태	10	8	6		
	작업 방법	10	8	6		
	작업 시간	10	8	6		

Exercise	복동실린더 시간 지연	제한시간
		30분

실습목표	① 복동실린더의 시간 지연 회로를 구성할 수 있다. ② 시간지연 밸브를 이용하여 실린더의 동작을 제어할 수 있다.

구 성 요 소	수량	구 성 요 소	수량
• 복동실린더 　(공압>액추에이터>복동실린더)	1	• 3/2 way 단방향 파일럿 밸브 　(공압>방향 밸브>3/2 way 밸브)	1
• 3/2 way 스위치 조작 밸브 　(공압>방향 밸브>3/2 way 밸브)	1	• 3/2 way 롤러 작동 밸브 　(공압>방향 밸브>3/2 way 밸브)	1
• 시간 지연 밸브 　(공압>타이머>ON 딜레이 타이머)	1	• 리미트 센서 　(공압>센서>양방향 센서)	1
• 5/2 way 양방향 밸브 　(공압>방향 밸브>5/2 way 밸브)	1	• 압력원	1

동작 조건

① 3/2 way 스위치 조작 밸브를 누르면 실린더가 전진한다.
② 5초 후 실린더는 후진한다.

공압 회로도

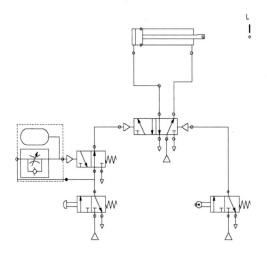

	평 가 항 목	만점	양호	보통	득점	비고
평가 기준	기기의 선정 및 배치	10	8	6		
	회로의 구성 및 작동 상태	10	8	6		
	작업 방법	10	8	6		
	작업 시간	10	8	6		

1) ON 딜레이 타이머 선택

① 라이브러리 트리뷰에서 [공압 → 타이머]를 선택한다.

② 컴포넌트 영역 안에 ON 딜레이 타이머를 선택하고 문서 화면에 끌어다 놓는다.

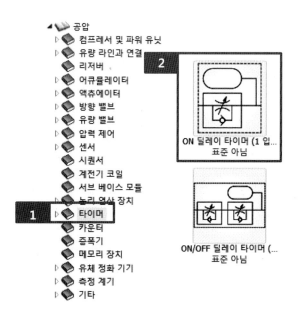

2) ON 딜레이 타이머 설정

① ON 딜레이 타이머를 더블클릭한다.

② 컴포넌트 속성창에서 임시 변통(td)의 값을 5s로 설정한다.

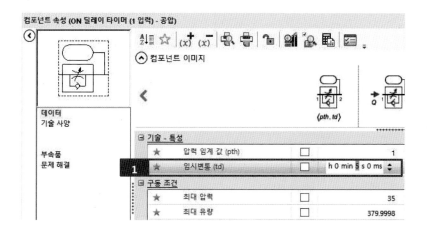

Exercise	스텝 작동 회로	제한시간
		30분

실습목표	① 기계적인 센서를 이용하여 스텝 작동 회로를 구성할 수 있다. ② 스텝 작동 회로의 동작 원리에 대해 이해할 수 있다.		

구 성 요 소	수량	구 성 요 소	수량

• 복동실린더
  (공압〉액추에이터〉복동실린더)
	1	• 3/2 way 롤러 작동 밸브
		  (공압〉방향 밸브〉3/2 way 밸브)
			2

• 3/2 way 스위치 조작 밸브
  (공압〉방향 밸브〉3/2 way 밸브)
	1	• 리미트 센서
		  (공압〉센서〉양방향 센서)
			2

• 5/2 way 양방향 밸브 (공압〉방향 밸브〉5/2 way 밸브)	2	• 압력원	1

동작 조건

① 3/2 way 스위치 조작 밸브와 3/2 way 롤러 작동 밸브와 센서 리미트 L이 선택되면 실린더가 전진한다.

② 3/2 way 스위치 조작 밸브와 센서 리미트 L2가 선택되면 실린더는 후진한다.

공압 회로도

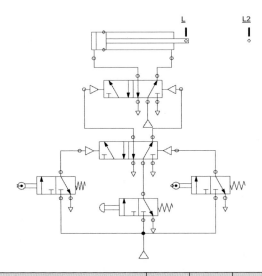

	평 가 항 목	만점	양호	보통	득점	비고
평가 기준	기기의 선정 및 배치	10	8	6		
	회로의 구성 및 작동 상태	10	8	6		
	작업 방법	10	8	6		
	작업 시간	10	8	6		

Exercise	복동실린더 순차 제어 Ⅰ	제한시간
		30분

실습목표	① 두 개 이상의 실린더를 순차 제어할 수 있다. ② 기능 선도를 작성할 수 있다

구 성 요 소	수량	구 성 요 소	수량
• 복동실린더 (공압>액추에이터>복동실린더)	1	• 3/2 way 스위치 조작 밸브 (공압>방향 밸브>3/2 way 밸브)	1
• 5/2 way 양방향 밸브 (공압>방향 밸브>5/2 way 밸브)	2	• 압력원	1
• 3/2 way 롤러 작동 밸브 (공압>방향 밸브>3/2 way 밸브)	4		

동작 조건

롤러 컨베이어에 의해서 운반된 상자가 공압 실린더 A로 들어 올려지고 다음 실린더 B에 의해 다른 컨베이어로 옮겨지고, 그리고 실린더 A가 후진 위치에 도달했을 때만 실린더 B가 귀환해야 한다.

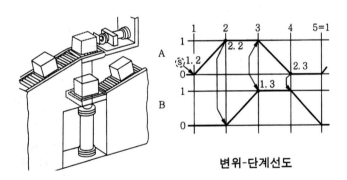

변위-단계선도

공압 회로도

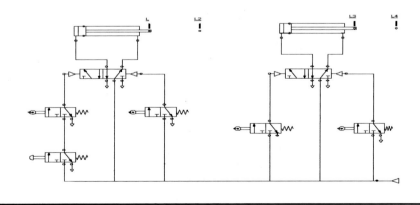

Exercise	복동실린더 순차 제어 Ⅱ	제한시간
		30분

실습목표	① 일방향 작동 롤러 밸브를 이용하여 실린더 두 개를 제어할 수 있다. ② 기능 선도를 작성할 수 있다

구 성 요 소	수량	구 성 요 소	수량
• 복동실린더 (공압>액추에이터>복동실린더)	1	• 3/2 way 스위치 조작 밸브 (공압>방향 밸브>3/2 way 밸브)	1
• 5/2 way 양방향 파일럿 밸브 (공압>방향 밸브>5/2 way 밸브)	2	• 리미트 센서 (양방향) (공압>센서>양방향 센서)	2
• 3/2 way 롤러 작동 밸브 (공압>방향 밸브>3/2 way 밸브)	4	• 리미트 센서 (단방향) (공압>센서>단방향 센서)	2

동작 조건

① 3/2 way 작동 스위치를 누르면 실린더 A가 전진한다.
② 실린더 A가 전진을 완료하면 실린더 B가 전진한다.
③ 실린더 B가 전진을 완료하면 실린더 A가 후진한다.
④ 실린더 A가 후진을 완료하면 실린더 B가 후진한다.

공압 회로도

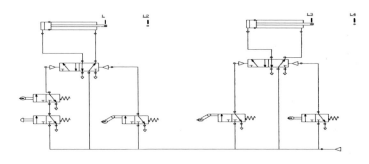

공압 회로도

	1	2	3	4	5=1
A					
B					

1) 롤러 1Way 밸브 빌더

① 라이브러리 트리뷰에서 [공압 → 방향 밸브]를 선택한다.

② 컴포넌트 영역 안에 기계적으로 조정됨 밸브를 선택하고 문서 화면에 끌어다 놓는다.

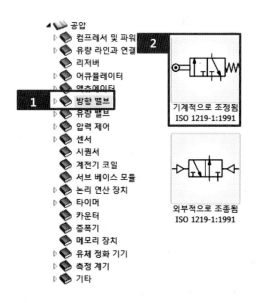

③ 기계적으로 조정된 밸브를 더블클릭한다.

④ 컴포넌트 속성창에서 롤러를 선택하고 오른쪽 위에 삭제 버튼을 클릭한다.

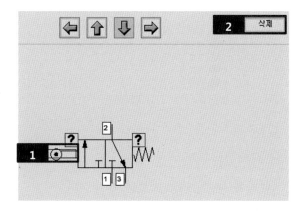

⑤ 조작 위치에 있는 ? 박스를 더블클릭한다.

⑥ 명령어 선택창에서 롤러 1Way를 선택하고 √버튼을 클릭한다.

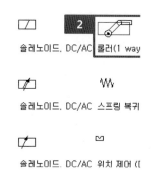

슬레노이드, DC/AC 롤러(1 way

슬레노이드, DC/AC 스프링 복귀

슬레노이드, DC/AC 위치 제어 (l

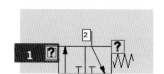

2) 단방향 센서 배치

① 라이브러리 트리뷰에서 [공압 → 센서]를 선택한다.

② 컴포넌트 영역 안에 단방향 센서 참고를 선택하고 문서 화면에 끌어다 놓는다.

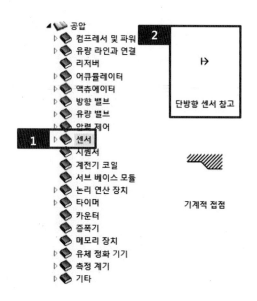

3) 롤러 1Way 밸브 설정

① 롤러 1Way를 더블클릭한다.

② 컴포넌트 속성창 왼쪽에 변수 지정 메뉴를 선택한다.

③ 컴포넌트 변수에서 ?를 선택한다.

④ 호환되는 시뮬레이션 변수에서 L을 작성한다

⑤ 연결하고자 하는 단방향 센서 참고의 알리아스를 선택한다.

⑥ 컴포넌트 속성창 오른쪽 하단에 있는 선택한 컴포넌트 변수와 관련된 읽기나 쓰기 생성 버튼을 클릭한다.

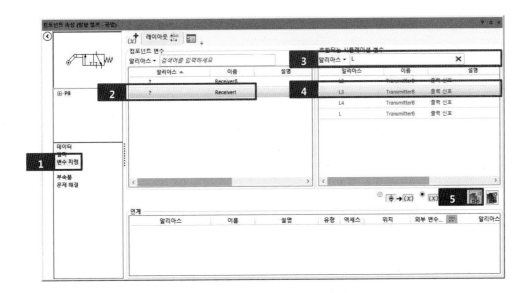

Exercise	케스케이드 제어 회로 �Ⅰ	제한시간
		50분
실습목표	① 케스케이드 제어 회로의 구성 및 기능에 대해 이해할 수 있다. ② 케스케이드 제어 방식으로 공압 시스템의 구성을 이해한다.	

동작 조건

① 3/2 way 스위치 조작 밸브를 누르면 실린더 A가 전진한다.
② 실린더 B가 전진하고 후진한다.
③ 실린더 B가 후진을 하면 실린더 C가 전진하고 후진한다.
④ 실린더 C가 후진을 완료하면 실린더 A가 후진한다.

공압 회로도

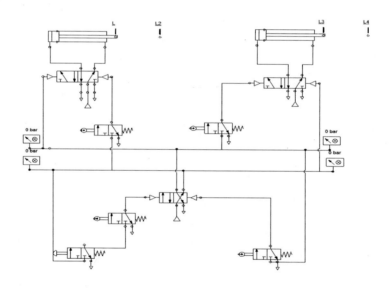

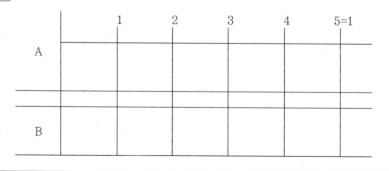

기능선도

		1	2	3	4	5=1
A						
B						

1) 압력 표시기 배치

① 라이브러리 트리뷰에서 [공압 → 측정계기]를 선택한다.

② 컴포넌트 영역 안에 압력 표시기를 선택하고 문서 화면에 끌어다 놓는다.

③ 압력 표시기 4개를 문서 화면에 배치한다.

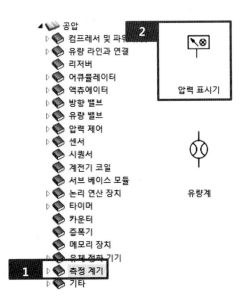

2) 케스케이드 라인 배치

① 압력 표시기 포트를 선택하고 다른 압력 표시기 포트로 연결한다.

Exercise	케스케이드 제어 회로 Ⅱ	제한시간
		50분
실습목표	① 케스케이드 제어 회로의 구성 및 기능에 대해 이해할 수 있다. ② 케스케이드 제어 방식으로 공압 시스템의 구성을 이해한다.	

동작 조건

① 실린더 A가 전진하고 전진이 완료하면 실린더 A가 후진한다.

② 실린더 A가 후진을 완료하면 실린더 B가 전진한다.

③ 실린더 B가 전진을 완료하면 후진한다.

공압 회로도

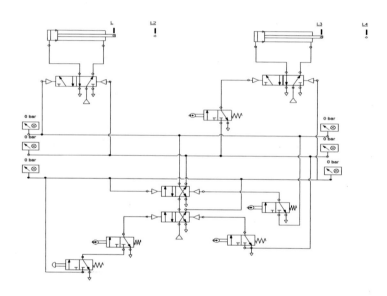

기능선도

	1	2	3	4	5=1
A					
B					

3.5.3 유압 회로 구성법

4/2-Way NO 밸브의 레버를 누르면 복동 실린더가 전진하고 레버를 다시 누르면 복귀한다.

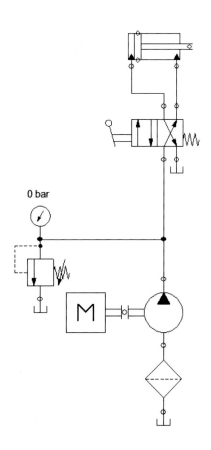

1) 펌프 및 증폭기 선택

① 라이브러리 트리뷰에서 [유압 → 펌프 및 증폭기 → 단방향 고정 변위]를 선택한다.

② 축 부착 정용량형 펌프를 문서 화면에 끌어다 놓는다.

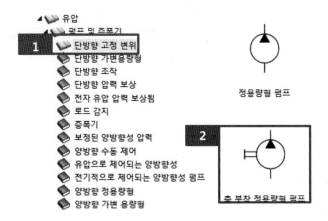

2) 파워 유닛 및 기계 컴포넌트 선택

① 라이브러리 트리뷰에서 [유압 → 파워 유닛 및 기계 컴포넌트]를 선택한다.

② 전동기를 선택하고 문서 화면에 끌어다 놓는다.

3) 전동기 연결

① 전동기의 빨간색 원 포트를 축 부착 정용량형 펌프 포트와 동일 선상에 오도록 이동시킨다.

② 2개의 빨간색 원 포트가 일치하면 마우스를 떼면 연결이 된다.

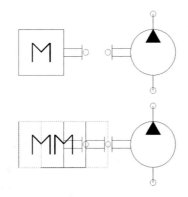

4) 리저버 선택

① 라이브러리 트리뷰에서 [유압 → 리저버]를 선택한다.

② 컴포넌트 영역에서 유체 정역학 리저버를 선택하고 문서 화면에 끌어다 놓는다.

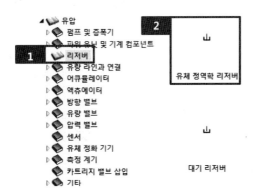

5) 필터 선택

① 라이브러리 트리뷰에서 [유압 → 유체 정화 기기]를 선택한다.

② 컴포넌트 영역 안에 필터를 선택하고 문서 화면에 끌어다 놓는다.

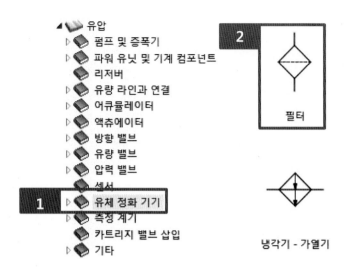

6) 가변 시퀀스 밸브 선택

① 라이브러리 트리뷰에서 [유압 → 압력 밸브 → 시퀀스 밸브]를 선택한다.

② 컴포넌트 영역 안에 가변 시퀀스 밸브를 선택하고 문서 화면에 끌어다 놓는다.

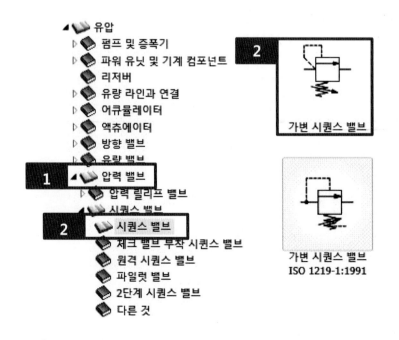

7) 압력계 선택

① 라이브러리 트리뷰에서 [유압 → 측정계기]를 선택한다.

② 컴포넌트 영역 안에 압력계를 선택하고 문서 화면에 끌어다 놓는다.

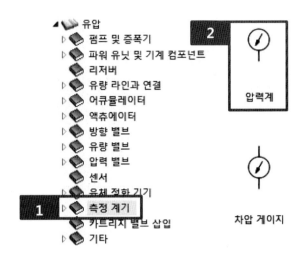

8) 4/2-Way NO 밸브 선택

① 라이브러리 트리뷰에서 [유압 → 방향 밸브 → 4/2-way 밸브]를 선택한다.

② 컴포넌트 영역 안에 4/2-Way NO 밸브를 선택하고 문서 화면에 끌어다 놓는다.

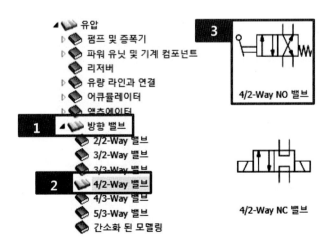

9) 복동실린더 선택

① 라이브러리 트리뷰에서 [유압 → 복동실린더(빌더)]를 선택한다.

② 컴포넌트 영역 안에 복동실린더를 선택하고 문서 화면에 끌어다 놓는다.

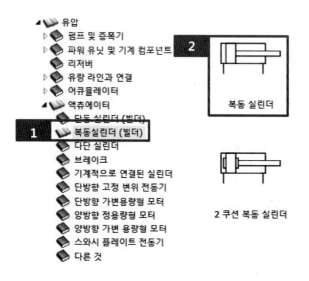

③ 복동실린더를 더블클릭한다.

④ 컴포넌트 속성창 왼쪽에서 빌더를 선택한다.

⑤ 복동실린더의 포트를 더블클릭한다.

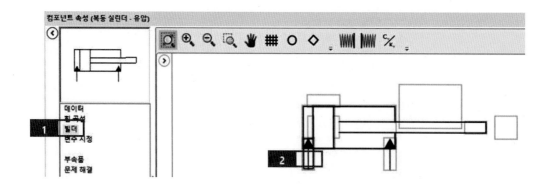

⑥ 모트 인/아웃 창에서 심볼을 선택하고 √버튼을 클릭한다.

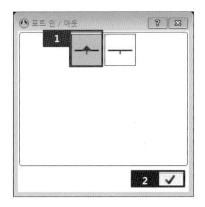

11) 컴포넌트 정렬 및 포트 연결

각 컴포넌트를 정렬하고 포트를 연결한다.

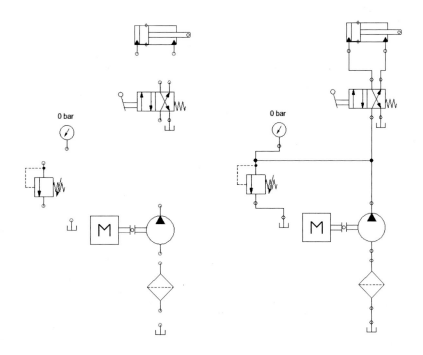

12) 시뮬레이션

① 일반 시뮬레이션 시작(▶)을 누른다.

② 4/2-Way NO 밸브의 레버를 클릭하면 실린더가 전진하고 한 번 더 레버를 클릭

하면 복귀한다.

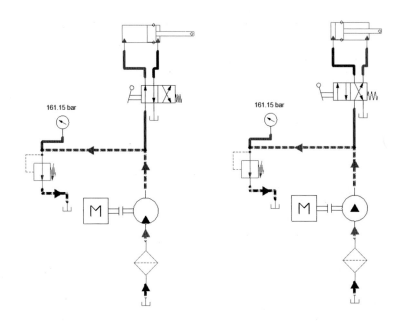

4/2-Way NO 밸브에 결함이 발생되었을 때 어떻게 문제를 해결해야 되는지 알아본다.

1) 결함 생성

① 일반 시뮬레이션 시작 버튼을 누른다.

② 시뮬레이션 메뉴에서 결함 도구 버튼을 누른다.

③ 4/2-Way NO 밸브를 선택한다.

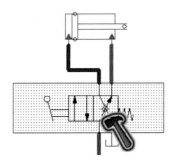

④ 결함 편집에서 스풀 걸림의 체크 박스를 선택한다.

⑤ 결함 파라미터에서 결함 활성화 체크 박스를 선택하고 아래 체크 박스 ☑ 버튼을
클릭한다.

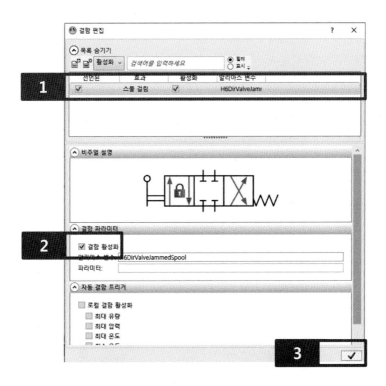

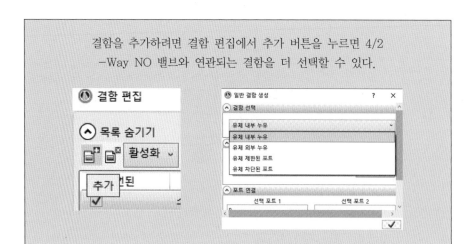

결함을 추가하려면 결함 편집에서 추가 버튼을 누르면 4/2
-Way NO 밸브와 연관되는 결함을 더 선택할 수 있다.

2) 측정

① 시뮬레이션 메뉴에서 문제 해결에 있는 유압 시험기를 선택한다.

② 유압 시험기의 전원을 클릭한다.

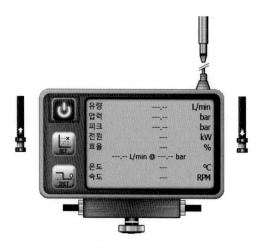

③ 왼쪽에 있는 유압 테스트 호수를 끌어다가 4/2-Way NO 밸브의 P에 놓는다.

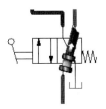

④ 오른쪽에 있는 유압 테스트 호수를 끌어다 4/2-Way NO 밸브의 A에 놓는다. 압력이 나타나는 것을 볼 수 있다.

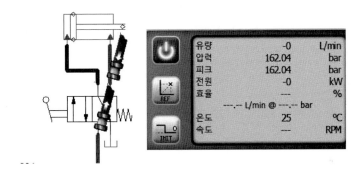

유량	-0	L/min
압력	162.04	bar
피크	162.04	bar
전원	-0	kW
효율	---	%
	---.-- L/min @ ---.-- bar	
온도	25	℃
속도	---	RPM

⑤ 4/2-Way NO 밸브를 작동시켜 본다.

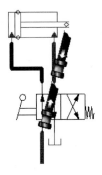

압력의 변화가 일어나지 않으므로 4/2-Way NO 밸브에 결함이 발생한 것을 유추할 수 있다.

⑥ 문제 해결 탭에서 수리 도구를 선택한다.

⑦ 4/2-Way NO 밸브를 선택하고 수리 설정창에서 모든 결함 선택을 체크하고 체크
버튼을 클릭한다.

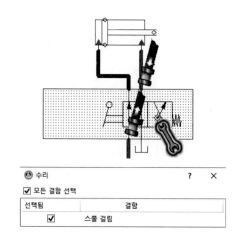

Exercise	회로 결함 수리하기	제한시간
		30분
실습목표	예제 파일을 열어 회로에서 발생하는 결함을 찾고 수리한다.	

결함 조건

① 예제 결함 회로 파일을 열기한다.

　위치: C:₩Program Files₩Famic Technologies₩Automation Studio E6.3₩Exercices

② 유압 시험기를 이용하여 문제 해결 방법을 찾는다.

결함 회로도

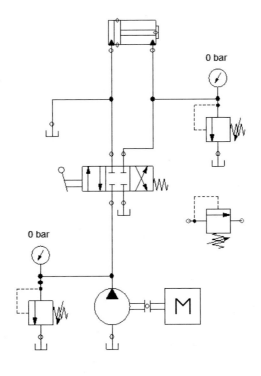

결함 요소	결함 원인	해결방법

Exercise	카운터 밸런스 밸브 제어	제한시간
		30분
실습목표	카운터 밸런스 밸브를 이용하여 실린더를 제어할 수 있다.	

구 성 요 소	수량	구 성 요 소	수량
• 복동실린더 (유압>액추에이터>복동실린더)	1	• 축 부착 정용량형 펌프 (유압>펌프 및 증폭기>단방향 고정 변위)	1
• 4/3 way 밸브 (유압>방향 밸브>4/3 way 밸브)	1	• 전동기 (유압>파워 유닛 및 기계 컴포넌트)	1
• 카운터 밸런스 밸브 (유압>압력 밸브>모션 컨트롤 밸브)	2	• 압력계 (유압>측정계기)	1

동작 조건

① 4/3 way 밸브를 누르면 실린더가 전진한다.
② 카운터 밸런스 밸브의 크래킹 압력을 조절하여 실린더를 제어한다.

유압 회로도

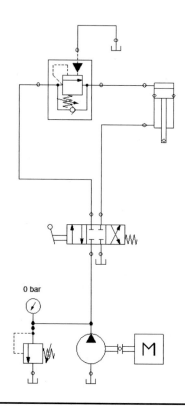

Exercise	교축 밸브 유량 분기 회로	제한시간
		30분

실습목표	교축 밸브를 이용하여 실린더의 유량 분기를 제어할 수 있다.

구 성 요 소	수량	구 성 요 소	수량
• 복동실린더 　(유압〉액추에이터〉복동실린더)	1	• 축 부착 정용량형 펌프 　(유압〉펌프 및 증폭기〉단방향 고정 변위)	1
• 4/3 way 밸브 　(유압〉방향 밸브〉4/3 way 밸브)	1	• 전동기 　(유압〉파워 유닛 및 기계 컴포넌트)	1
• 교축 밸브 　(유압〉유량 밸브〉오리피스)	2	• 압력계 　(유압〉측정계기)	1

동작 조건

① 4/3 way 밸브를 누르면 실린더가 전진한다.
② 교축 밸브의 내부 지름을 조절하여 실린더를 제어한다.

유압 회로도

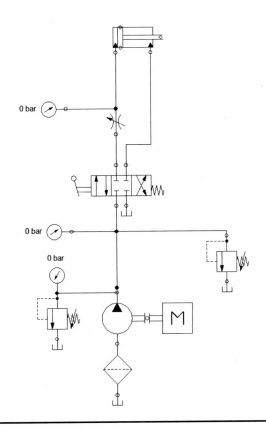

Exercise	양방향 모터 제어 회로	제한시간
		30분

실습목표	교축 밸브를 이용하여 실린더의 유량 분기를 제어할 수 있다.

구 성 요 소	수량	구 성 요 소	수량
• 전동기 (유압)파워 유닛 및 기계 컴포넌트)	1	• 축 부착 정용량형 펌프 (유압)펌프 및 증폭기)단방향 고정 변위)	1
• 4/3 way 밸브 (유압)방향 밸브)4/3 way 밸브)	1	• 양방향 모터 (유압)액추에이터)양방향 정용량형 모터)	1

동작 조건

① 4/3 way 밸브를 열면 양방향 모터가 정회전한다.
② 4/3 way 밸브를 닫으면 양방향 모터가 역회전한다.

유압 회로도

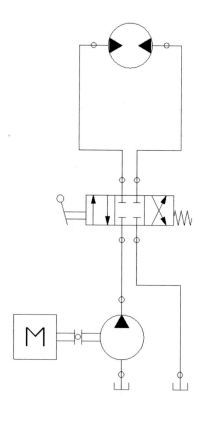

3.5.4 전기 공압 회로 구성법

전기 공유압 회로는 공압 회로 또는 유압 회로와 전기 시퀀스회로로 구성된다. 공유압 회로의 솔레노이드 밸브와 전기회로의 솔 밸브 기호를 서로 연결하면(변수) 회로의 조건에 따라서 액추에이터가 구동된다.

전기 스위치를 On/Off 하면 실린더가 전진한 뒤 복귀한다.

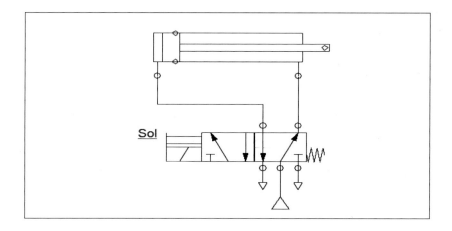

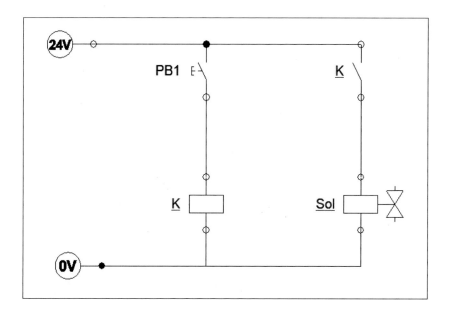

1) 발생 장치 선택

① 라이브러리 트리뷰에서 [공압 → 컴프레서 및 파워 유닛 → 압력소스]를 선택한다.

② 공압 압력 소스를 문서 화면에 끌어다 놓는다.

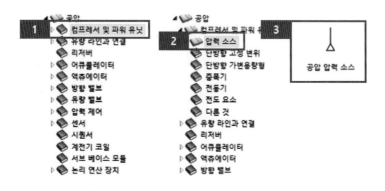

2) 밸브 선택

① 라이브러리 트리뷰에서 [공압 → 방향 밸브 → 5/2-Way]를 선택한다.

② 컴포넌트 영역에 5/2-Way NC를 선택하고 문서 화면에 끌어다 놓는다.

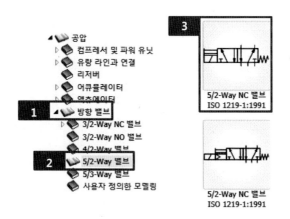

3) 복동실린더 구성

① 라이브러리 트리뷰에서 [공압 → 액추에이터 → 복동실린더(빌더)]를 선택한다.

② 컴포넌트 영역에서 복동실린더를 선택하고 문서 화면에 끌어다 놓는다.

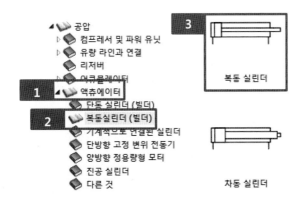

4) 배기 구성

① 라이브러리 트리뷰에서 [공압 → 유량 라인과 연결]를 선택한다.
② [유량 라인과 연결 → 배기]를 선택한다.
③ 컴포넌트 영역 안에 직접 배기를 선택하고 문서 화면에 끌어다 놓는다.

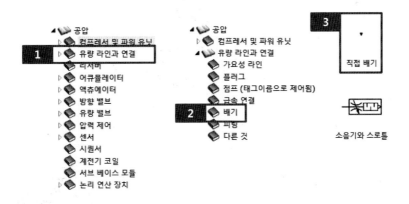

5) 포트 연결

① 공압 압력 소스 위쪽에 있는 포트를 선택하고 5/2-Way NC 밸브 입력 포트를 선택한다.
② 5/2-Way NC의 출력 포트를 선택하고 복동실린더의 입력 포트를 선택한다.

③ 직접 배기를 선택하고 5/2-Way NC 배기 포트와 직접 배기 포트를 겹치도록 놓는다.

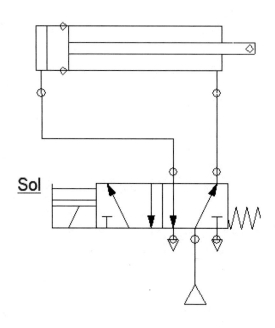

6) 전원 공급원 선택

① 라이브러리 트리뷰에서 전기 제어(IEC표준)의 ▷를 선택하여 목차를 연다.

② [전원 공급원 → 24볼트 전원 공급장치]와 [전원 공급원 → 접지(0볼트)]를 선택하고 문서 화면에 끌어다 놓는다.

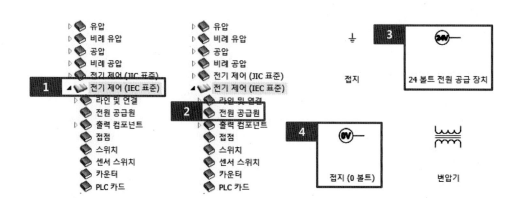

7) 전기 스위치와 전기 부하

① 스위치를 선택한다.

② 상시 열림 누름 버튼을 선택하여 마우스 왼쪽 버튼을 계속 누른 상태에서 문서 화면으로 옮겨 놓고 변수 수정창에서 알리아스를 PB1으로 작성하고 √ 버튼을 클릭한다.

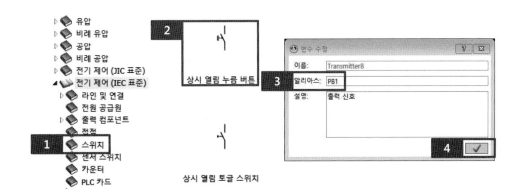

④ 같은 방법으로 [접점 → 상시 열림 접점]을 화면에 옮겨 놓는다.

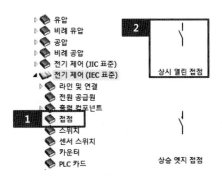

⑤ 컴포넌트 속성창이 나타나면 닫기한다.

⑥ 라이브러리 트리뷰에서 출력 컴포넌트의 ▷를 선택하여 목차를 연다.

⑦ [코일 → 코일]를 선택하여 마우스 왼쪽 버튼을 계속 누른 상태에서 문서 화면으로 옮겨 놓고 변수 수정창에서 알리아스를 R1으로 작성하고 √버튼을 클릭한다.

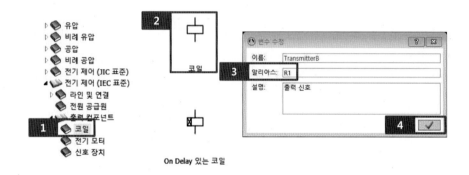

8) 솔레노이드 밸브

① 라이브러리 트리뷰에서 [전기 제어(IEC 표준) → 출력 컴포넌트]를 선택한다.

② 컴포넌트 영역 안에 솔레노이드 DC/AC를 선택하고 문서 화면에 끌어다 놓는다.

③ 변수 수정창에서 알리아스를 Sol로 작성하고 √ 버튼을 클릭한다.

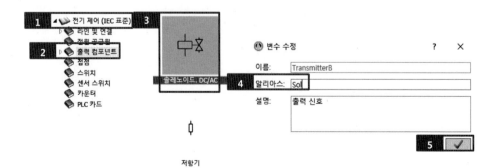

9) 5/2-Way 밸브와 솔레노이드 연결

① 문서 화면에 있는 5/2-Way NC 밸브를 더블클릭한다.

② 컴포넌트 속성창 왼쪽에 있는 P1의 +를 클릭한다.

③ 확장된 트리에서 SOL_1을 클릭한다.

④ 변수 지정 선택, 호환되는 시뮬레이션 변수에서 알리아스 검색에 Sol을 작성한다.

⑤ Sol을 선택하고 컴포넌트 속성창 오른쪽 하단에 있는 선택한 컴포넌트 변수와 관련된 읽기나 쓰기 생성 버튼을 클릭한다.

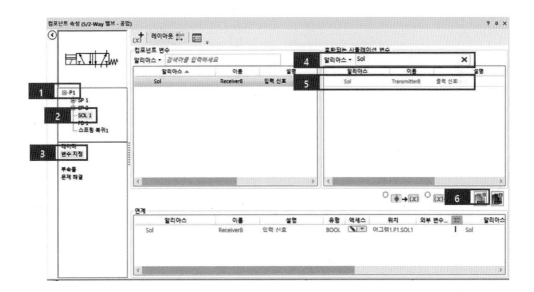

10) 상시 열린 점접과 코일 연결

① 문서 화면에 있는 상시 열린 접점을 더블클릭한다.

② 컴포넌트 속성창에서 왼쪽 변수 지정을 선택한다.

③ 호환되는 시뮬레이션 변수에서 알리아스 검색에 R1을 작성한다.

④ R1을 선택하고 컴포넌트 속성창 오른쪽 하단에 있는 선택한 컴포넌트 변수와 관련된 읽기나 쓰기 생성 버튼을 클릭한다.

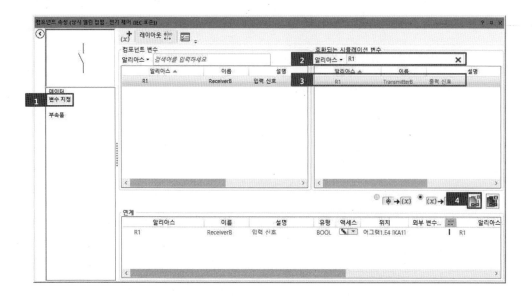

11) 전기 배선

① 컴포넌트를 아래 그림과 같이 정렬한다.

② 각 컴포넌트를 회로 연결한다.

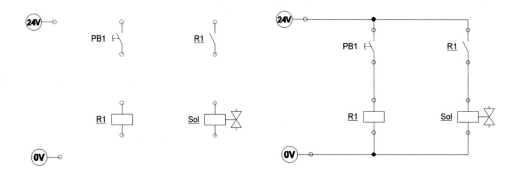

12) 시뮬레이션

■ 사용자 지정 메뉴 사용

　- 일반 시뮬레이션 시작(▶)을 누른다.

■ 메뉴 사용

　- 시뮬레이션 메뉴 선택하고 리본 메뉴에 있는 일반 시뮬레이션 아이콘을 누른다.

① PB1 버튼 위치에 마우스, 형상이 손 모양으로 변경되었을 때 누른다.

② 실린더가 전진하고 PB1 버튼을 놓으면 실린더가 후진을 한다.

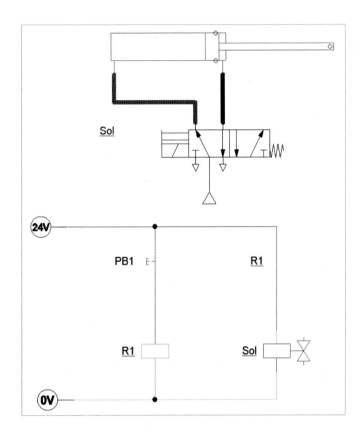

Exercise	전기 공압 AND 회로	제한시간
		20분

실습목표	① 전기 공압 회로의 구조를 이해할 수 있다. ② 전기 시퀀스 회로를 이용하여 복동실린더를 제어할 수 있다.		

구 성 요 소	수량	구 성 요 소	수량
• 복동실린더 　(공압〉액추에이터〉복동실린더) • 5/2 way 편솔레노이드 밸브 　(공압〉방향 밸브〉5/2 way 밸브)	1 1	• 수동 조작 자동 복귀 a접점 　(전기제어 IEC〉스위치〉상시 열린 버튼) • 릴레이 & 계전기 접점 　(전기제어 IEC〉접점〉상시 열림 버튼) • 솔레노이드 　(전기제어 IEC〉출력 컴포넌트〉솔레노이드)	2 1 1

두 개의 누름 버튼을 눌러야만 실린더가 전진을 하고 2개 중 어느 하나라도 조작하지 않으면 실린더는 후진 상태를 유지해야 한다. 단 누름 버튼의 조작 시간이 밸브의 전환 시간보다 길어야 한다.

공압 회로

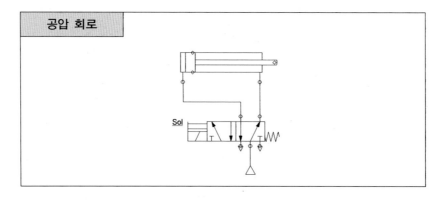

전기 시퀀스 회로

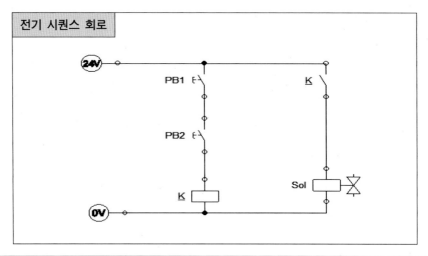

Exercise	전기 공압 OR 회로	제한시간
		20분

실습목표	① 전기 공압의 OR 회로 구조를 이해할 수 있다. ② 전기 시퀀스 회로를 이용하여 복동실린더를 제어할 수 있다.

구 성 요 소	수량	구 성 요 소	수량

• 복동실린더
  (공압〉액추에이터〉복동실린더)
• 5/2 way 편솔레노이드 밸브
  (공압〉방향 밸브〉5/2 way 밸브)
	1
	
	1
		• 수동 조작 자동 복귀 a접점
		  (전기제어 IEC〉스위치〉상시 열림 버튼)
		• 릴레이 & 계전기 접점
		  (전기제어 IEC〉접점〉상시 열림 버튼)
		• 솔레노이드
		  (전기제어 IEC〉출력 컴포넌트〉솔레노이드)
			2
			
			1
			
			1

두 개의 누름 버튼 중 어느 하나만 누르면 실린더가 전진을 하고, 누름 버튼을 놓으면 실린더가 후진한다.

공압 회로

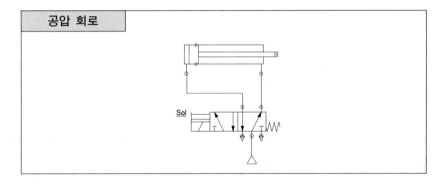

전기 시퀀스 회로

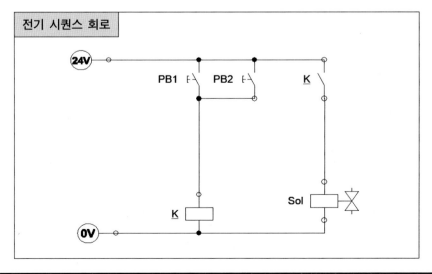

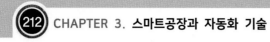

Exercise	전기 공압 NOT 조건 회로	제한시간
		20분

실습목표	① 전기 공압의 NOT 회로 구조를 이해할 수 있다. ② 전기 시퀀스 회로를 이용하여 복동실린더를 제어할 수 있다.

구 성 요 소	수량	구 성 요 소	수량

• 복동실린더
  (공압>액추에이터>복동실린더)
	1	• 수동 조작 자동 복귀 b접점
		  (전기제어 IEC>스위치>상시 닫힘 버튼)
			1

• 5/2 way 편솔레노이드 밸브
  (공압>방향 밸브>5/2 way 밸브)
	1	• 릴레이 & 계전기 접점
		  (전기제어 IEC>접점>상시 열림 버튼)
			1

		• 솔레노이드 (전기제어 IEC>출력 컴포넌트>솔레노이드)	1

누름 버튼을 조작하지 않았을 때 실린더가 전진을 하고 누름 버튼을 누르면 실린더는 후진해야 한다.

공압 회로

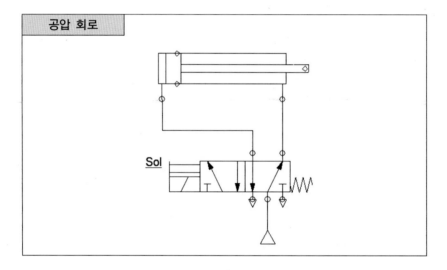

전기 시퀀스 회로

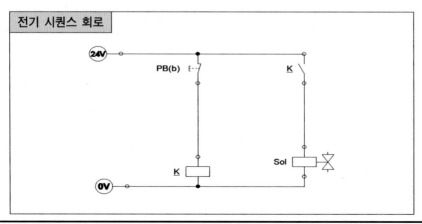

Exercise	전기공압 NAND 조건 회로	제한시간
		20분

실습목표	① 전기 공압의 NAND 회로 구조를 이해할 수 있다. ② 전기 시퀀스 회로를 이용하여 복동실린더를 제어할 수 있다.		

구 성 요 소	수량	구 성 요 소	수량
• 복동실린더 　(공압〉액추에이터〉복동실린더)	1	• 수동 조작 자동 복귀 b접점 　(전기제어 IEC〉스위치〉상시 닫힘 버튼)	2
• 5/2 way 편솔레노이드 밸브 　(공압〉방향 밸브〉5/2 way 밸브)	1	• 릴레이 & 계전기 접점 　(전기제어 IEC〉접점〉상시 열림 버튼)	1
		• 솔레노이드 　(전기제어 IEC〉출력 컴포넌트〉솔레노이드)	1

두 개의 누름 버튼 모두를 누르지 않았을 때 실린더가 전진을 하고, 그 외의 경우에는 실린더가 후진한다.

공압 회로

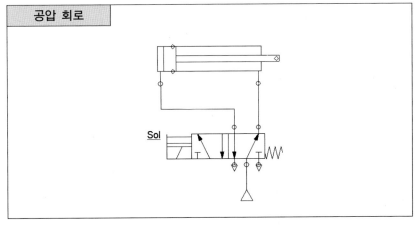

전기 시퀀스 회로

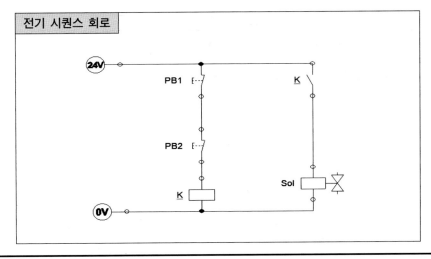

Exercise	전기 공압 ON 우선 자기유지 회로	제한시간
		30분
실습목표	① 전기 공압의 자기유지 회로 구조를 이해할 수 있다. ② 전기 시퀀스 회로를 이용하여 복동실린더를 제어할 수 있다.	

구 성 요 소	수량	구 성 요 소	수량

• 복동실린더
  (공압>액추에이터>복동실린더)
	1	• 수동 조작 자동 복귀 a접점
		  (전기제어 IEC>스위치>상시 열림 버튼)
			1

• 5/2 way 편솔레노이드 밸브
  (공압>방향 밸브>5/2 way 밸브)
	1	• 수동 조작 자동 복귀 b접점
		  (전기제어 IEC>스위치>상시 닫힘 버튼)
			1

		• 릴레이 & 계전기 접점 (전기제어 IEC>접점>상시 열림 버튼)	1
		• 솔레노이드 (전기제어 IEC>출력 컴포넌트>솔레노이드)	1

누름 버튼 PB1을 누르면 실린더는 전진 상태를 계속 유지하고, 누름 버튼 PB2를 누르면 실린더는 후진한다. 단 두 개의 누름 버튼을 동시에 눌렀을 때는 실린더가 전진해야 한다.

공압 회로

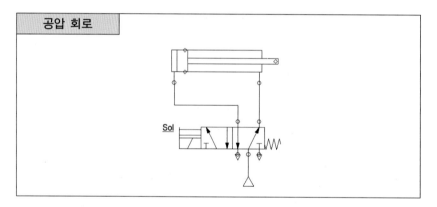

전기 시퀀스 회로

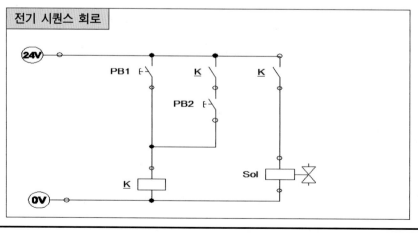

Exercise	전기 공압 OFF 우선 자기유지 회로	제한시간
		30분

실습목표	① 전기 공압의 자기유지 회로 구조를 이해할 수 있다. ② 전기 시퀀스 회로를 이용하여 복동실린더를 제어할 수 있다.

구 성 요 소	수량	구 성 요 소	수량
• 복동실린더 　(공압〉액추에이터〉복동실린더)	1	• 수동 조작 자동 복귀 b접점 　(전기제어 IEC〉스위치〉상시 닫힘 버튼)	1
• 5/2 way 편솔레노이드 밸브 　(공압〉방향 밸브〉5/2 way 밸브)	1	• 릴레이 & 계전기 접점 　(전기제어 IEC〉접점〉상시 열림 버튼)	1
• 수동 조작 자동 복귀a접점 　(전기제어 IEC〉스위치〉상시 열림 버튼)	1	• 솔레노이드 　(전기제어 IEC〉출력 컴포넌트〉솔레노이드)	1

누름 버튼 PB1을 누르면 실린더는 전진 상태를 계속 유지하고, 누름 버튼 PB2를 누르면 실린더는 후진한다. 단 두 개의 누름 버튼을 동시에 눌렀을 때는 실린더는 후진해야 한다.

공압 회로

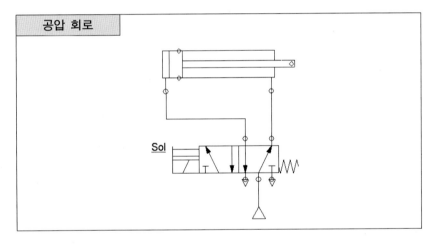

전기 시퀀스 회로

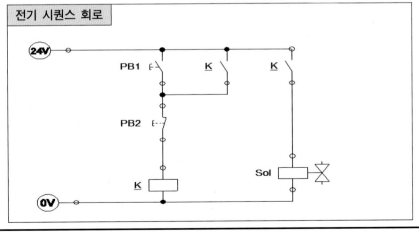

Exercise	복동실린더 수동 왕복 제어 회로	제한시간
		30분
실습목표	① 양솔레노이드 밸브의 제어 방법을 이해할 수 있다. ② 두 개의 스위치를 이용하여 복동실린더를 제어할 수 있다.	

구 성 요 소	수량	구 성 요 소	수량
• 복동실린더 　(공압〉액추에이터〉복동실린더) • 5/2 way 양솔레노이드 밸브 　(공압〉방향 밸브〉5/2 way 밸브)	1 1	• 수동 조작 자동 복귀 a접점 　(전기제어 IEC〉스위치〉상시 열림 버튼) • 릴레이 & 계전기 접점(a,b) 　(전기제어 IEC〉접점〉상시 열림, 닫힘 버튼) • 솔레노이드 　(전기제어 IEC〉출력 컴포넌트〉솔레노이드)	2 2 2

누름 버튼 PB1을 누르면 실린더가 전진하고 누름 버튼 PB2를 누르면 실린더가 후진한다.

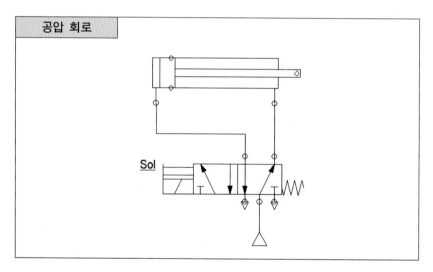

공압 회로

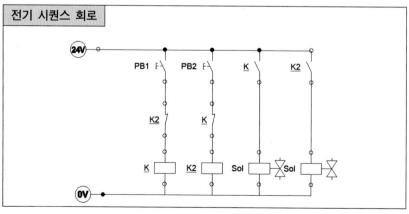

전기 시퀀스 회로

Exercise	인터록(Inter-Lock) 제어 회로	제한시간
		30분

실습목표	① 양솔레노이드 밸브의 제어 방법을 이해할 수 있다. ② 네 개의 스위치를 이용하여 복동실린더를 제어할 수 있다.

구 성 요 소	수량	구 성 요 소	수량
• 상시 열림 복동실린더 (공압〉액추에이터〉복동실린더)	1	• 수동 조작 자동 복귀 b접점 (전기제어 IEC〉스위치〉상시 닫힘 버튼)	2
• 5/2 way 양솔레노이드 밸브 (공압〉방향 밸브〉5/2 way 밸브)	1	• 릴레이 & 계전기 접점(a,b) (전기제어 IEC〉접점〉상시 열림,닫힘 버튼)	2
• 수동 조작 자동 복귀 a접점 (전기제어 IEC〉스위치〉상시 열림 버튼)	2	• 솔레노이드 (전기제어 IEC〉출력 컴포넌트〉솔레노이드)	2

누름 버튼 PB1을 누르면 실린더가 전진하고 누름 버튼 PB3을 누르고 PB2를 누르면 실린더가 후진한다. 단 두 개의 누름 버튼 중 먼저 눌러진 동작이 우선한다.

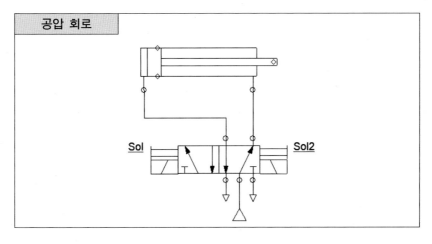

공압 회로

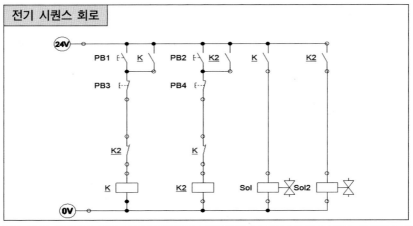

전기 시퀀스 회로

Exercise	타이머 제어 회로	제한시간
		30분
실습목표	① 편솔레노이드 밸브의 제어 방법을 이해할 수 있다. ② 타이머를 이용하여 복동실린더를 제어할 수 있다.	

구 성 요 소	수량	구 성 요 소	수량
• 복동실린더 (공압〉액추에이터〉복동실린더)	1	• 릴레이 & 계전기 접점 (전기제어 IEC〉접점〉상시 열림 버튼)	3
• 5/2 way 편솔레노이드 밸브 (공압〉방향 밸브〉5/2 way 밸브)	1	• 솔레노이드 (전기제어 IEC〉출력 컴포넌트〉솔레노이드)	1
• 수동 조작 자동 복귀 a접점 (전기제어 IEC〉스위치〉상시 열림 버튼)	1	• 온타이머 & 한시 동작 접점 (전기제어 IEC〉출력 컴포넌트〉코일〉On delay)	1

누름 버튼 PB1을 누르면 실린더가 전진하고 10초 뒤에 실린더는 자동 복귀한다.

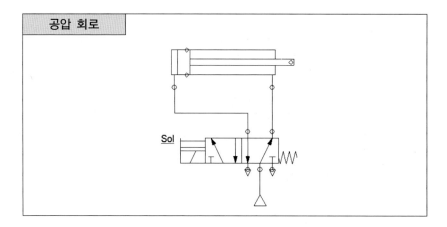

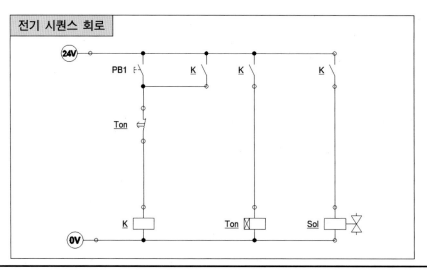

Exercise	카운터 제어 회로	제한시간
		30분

실습목표	① 편솔레노이드 밸브의 제어 방법을 이해할 수 있다. ② 두 개의 스위치를 이용하여 복동실린더를 제어할 수 있다.		

구 성 요 소	수량	구 성 요 소	수량
• 복동실린더 　(공압〉액추에이터〉복동실린더)	1	• 릴레이 & 계전기 접점(a) 　(전기제어 IEC〉접점〉상시 열림 버튼)	2
• 5/2 way 편솔레노이드 밸브 　(공압〉방향 밸브〉5/2 way 밸브)	1	• 솔레노이드 　(전기제어 IEC〉출력 컴포넌트〉솔레노이드)	1
• 수동 조작 자동 복귀 a접점 　(전기제어 IEC〉스위치〉상시 열림 버튼)	2	• 카운터(up카운터) 　(전기제어 IEC〉카운터〉업카운터)	1
		• LED 　(전기제어 IEC〉출력 컴포넌트〉신호장치>LED)	1

누름 버튼 PB1을 누르면 실린더가 전진하고 5번 전진하면 LED가 켜진다.

공압 회로

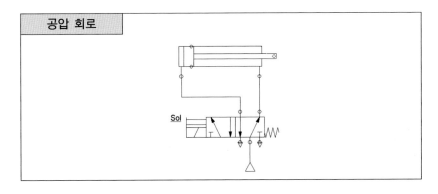

전기 시퀀스 회로

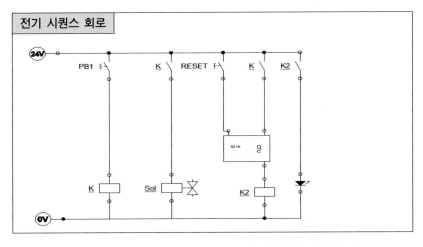

Exercise	복동실린더 자동 복귀 제어 회로	제한시간
		30분

실습목표	① 전기 리미트의 동작원리를 이해할 수 있다. ② 복동실린더를 자동 복귀 제어하기 위한 회로를 이해할 수 있다.

구 성 요 소	수량	구 성 요 소	수량
• 복동실린더 　(공압〉액추에이터〉복동실린더)	1	• 수동 조작 자동 복귀 a접점 　(전기제어 IEC〉접점〉상시 열림 버튼)	1
• 5/2 way 편솔레노이드 밸브 　(공압〉방향 밸브〉5/2 way 밸브)	1	• 기계적 a접점 　(전기제어 IEC〉센서 스위치〉상시 열림 리밋스위치)	1
• 전기a 리미트 접점 　(공압〉센서〉기계 위치 센서)	1	• 릴레이 & 계전기 접점 　(전기제어 IEC〉접점〉상시 열림 버튼)	2
		• 솔레노이드 　(전기제어 IEC〉출력 컴포넌트〉솔레노이드)	1

누름 버튼 PB1을 누르면 실린더가 전진하고 전기 리미트에 의해 자동 복귀한다.

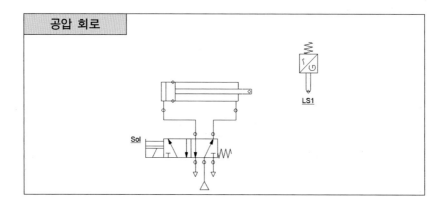

공압 회로

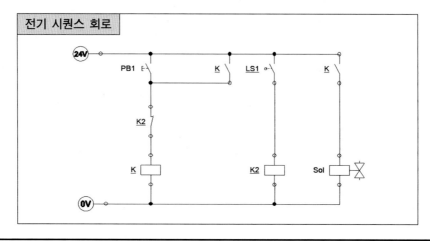

전기 시퀀스 회로

1) 기계 위치 센서 선택

① 라이브러리 트리뷰에서 [공압 → 센서]를 선택한다.

② 기계 위치 센서를 문서 화면에 끌어다 놓는다.

③ 변수 수정창에서 알리아스를 LS1으로 작성하고 √ 버튼을 클릭한다.

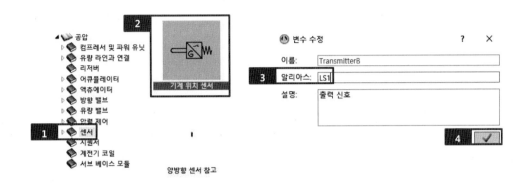

2) 상시 열림 리밋 스위치 선택

① 라이브러리 트리뷰에서 [전기 제어(IEC표준) → 센서 스위치]를 선택한다.

② 상시 열림 리밋 스위치를 문서 화면에 끌어다 놓는다.

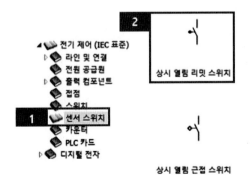

③ 상시 열림 리밋 스위치를 더블클릭한다.

④ 컴포넌트 설정창에서 변수 지정을 선택하고 호환되는 시뮬레이션 변수에서 알리아스에 LS1을 작성한다.

⑤ LS1을 선택하고 컴포넌트 속성창 오른쪽 하단에 있는 선택한 컴포넌트 변수와 관련된 읽기나 쓰기 생성 버튼을 클릭한다.

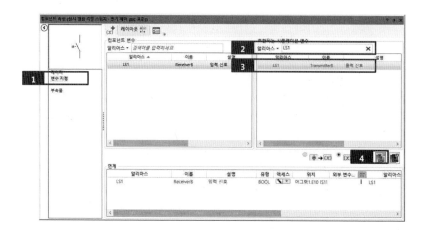

Exercise	복동실린더 자동 왕복 제어 회로	제한시간
		30분
실습목표	① 편 솔레노이드 밸브의 제어 방법을 이해할 수 있다. ② 전기 리미트의 신호를 이용하여 복동실린더 자동 왕복 제어를 할 수 있다.	

구 성 요 소	수량	구 성 요 소	수량

• 복동실린더
  (공압〉액추에이터〉복동실린더)
	1	• 수동 조작 자동 복귀 a접점
		  (전기제어 IEC〉접점〉상시 열림 버튼)
			1

• 5/2 way 편솔레노이드 밸브
  (공압〉방향 밸브〉5/2 way 밸브)
	1	• 기계적 a접점
		  (전기제어 IEC〉센서스위치〉상시 열림 리밋스위치)
			2

• 전기리미트 a접점
  (공압〉센서〉기계위치 센서)
	2	• 릴레이 & 계전기 접점
		  (전기제어 IEC〉접점〉상시 열림 버튼)
			2

		• 솔레노이드 (전기제어 IEC〉출력 컴포넌트〉솔레노이드)	1

두 개의 전기 리미트를 사용하여 누름 버튼 PB1을 누르면 실린더가 전진하고 복귀한다. 단 동작은 한 사이클만 한다.

공압 회로

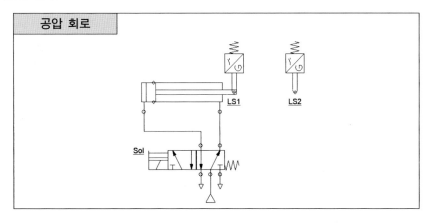

전기 시퀀스 회로

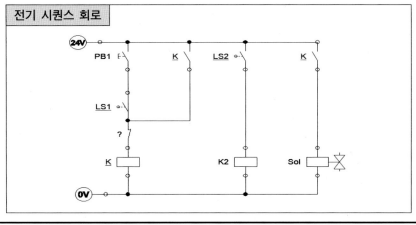

3.5.5 복동실린더의 순서 제어 회로

　미리 정해진 순서에 따라 작업의 각 단계를 순차적으로 진행시켜 나가는 제어를 시퀀스 제어 또는 순서 제어라고 한다.

　대부분의 생산 활동에 이용되는 자동화 기계는 각 단계를 타이머의 설정 시간으로 조절하는 순서 제어에 의해 제어되며 체계적인 방법으로 정해진 지침을 이용하여 회로를 설계하는 것으로 제어 회로가 체계적이고 일정한 신뢰성과 정렬된 회로를 얻을 수 있는 방법이다. 또 다른 하나는 직관에 의한 방법으로 직관과 경험에 기초를 두고 회로를 설계하므로 안정된 회로를 얻을 수 있으나 복잡한 제어의 경우는 많은 시간과 경험이 필요하다.

1) 편솔레노이드 밸브 주회로 차단법에 의한 설계법

　주회로 차단법이란 말 그대로 솔레노이드를 구동하는 주회로 구간에서 복귀 신호를 주어 솔레노이드에 통전하던 신호를 차단하여 제어하는 것으로 [그림]의 공압회로와 같이 공압 액추에이터를 편측 전자 밸브로 제어하려면 먼저 릴레이의 a접점으로 솔레노이드를 통전시켜 동작시키고 이 릴레이를 OFF 시키면 밸브는 내장된 스프링에 의해 원위치되어 실린더를 후진시키는 일이 가능한 것이다.

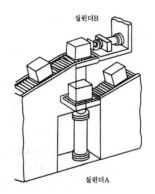

【그림】 공압 회로

① 상자 첫 번째 컨베이어상의 자중에 의하여 내려오게 되면 실린더 A가 전진한다.
② 실린더 B가 전진하여 상자를 두 번째 컨베이어로 밀어 놓는다.
③ 실린더 A가 후진을 완료한 후 실린더 B가 후진 운동을 시작한다.
④ 작업 신호는 누름 버튼 스위치이며 한 번에 한 사이클씩 작업한다.

 문제로 [그림]의 공압 회로를 그림에 나타낸 시퀀스 차트와 같이 동작시키는 회로를 설계하기로 한다.

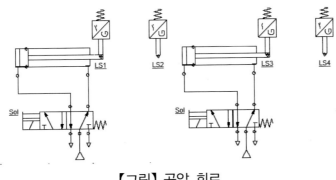

【그림】 공압 회로

 편 솔레노이드 밸브를 사용할 경우 릴레이가 ON 되는 조건식

- 첫 릴레이가 ON 되는 조건식: $R1 = (St \cdot LS + R1) \cdot (Rlast)b$
- 일반 릴레이가 ON 되는 조건식: $Rn = (LS + Rn) \cdot Rn-1$
- 최종 릴레이가 ON 되는 조건식: $Rlast = (LS + Rlast) \cdot Rlast-1$
 여기서 R: 릴레이의 전자코일 또는 a접점
　(R)b: 릴레이의 b접점
　・: 직렬연산
　+: 병렬연산
　LS: 바로 앞 단계의 도달 조건

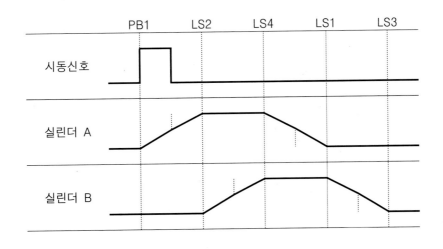

실린더 작동 순서	A+	B+	A-	B-
체크백 신호	LS2	LS4	LS1	LS3
작동 릴레이	R1	R2	R3	R4
작동 솔레노이드	Sol1	Sol2	not	not

【그림】 시퀀스 차트

2) 동작 순서

① 1단계: 동작 순서를 간략적 표시법으로 나타낸다.

② 2단계: 공압 회로를 그리고 검출기를 배치한다.

③ 3단계: 제어 회로를 작성한다.

동작 순서는 시퀀스 차트에 나타낸 바와 같이 다음과 같다.

A+ B+ A- B-

3) 설계 순서

① 먼저 제어 모선을 수직 평행 또는 수평 평행하게 두 줄 긋고 그 사이에 운동 스텝 수만큼 제어 요소인 릴레이를 배치한다.

② 마지막 스텝 완료 신호인 LS3과 시동 신호를 직렬로 R1에 접속하고 자기 유지시킨다.

③ R1의 신호로 첫 스텝인 A+를 시키기 위해 주회로 구간에서 R1의 a접점을 통해 sol1에 접속한다.

④ A 실린더가 전진 완료하면 LS2 리밋 스위치가 동작되므로 LS2와 전 단계 신호인 R1의 a접점을 직렬로 R2 릴레이에 접속하고 자기유지시킨다.

⑤ 이 신호로써 두 번째 스텝인 B+를 진행시켜야 하므로 주회로 구간에서 R2의 a접점을 통해 sol2에 접속한다.

⑥ 두 번째 스텝이 완료되었다는 신호 LS4와 전 단계 신호 R2를 직렬로 하여 R3에 접속하고 자기 유지시킨다. 이 신호로써 세 번째 스텝인 A-를 시켜야 하므로 주회

로 구간에서 A 실린더 제어용 솔레노이드 sol1 위에 R3의 b접점을 삽입한다.

⑦ 세 번째 스텝이 완료되면 LS1 리밋 스위치가 동작되므로 LS1과 전단계 신호 R3
를 직렬로 하여 R4의 릴레이에 접속하고 자기 유지시킨다. 이 신호로써 네 번째
스텝인 B-를 시켜야 하므로 ⑥항과 같이 주회로 구간에서 sol2 위에 R4의 b접점
을 접속한다. 그리고 마지막 스텝까지 설계가 완료되면 자기 유지를 해제하기 위
해 마지막 스텝의 릴레이 R4의 b접점을 첫 스텝 신호인 R1 릴레이 코일과 자기
유지 라인 중간에 삽입한다.

이와 같이 하면 제어 회로 설계가 완료되는데 설계 방법의 요점은 다음과 같다. 즉 액
추에이터의 동작 순서에 따라 리밋 스위치 신호와 전 단계 신호로서 릴레이를 여자시키
고 자기 유지시키며, 전진 신호는 릴레이의 a접점으로 주회로 구간에서 솔레노이드와
접속하고, 복귀 신호는 해당 릴레이의 b접점으로 주회로 구간에서 솔레노이드 위에 접
속하여 구성하고 마지막 스텝의 릴레이가 동작하면 모든 릴레이가 순차적으로 자기 유
지가 해제되도록 구성하는 것이다.

다만 이와 같은 주회로 차단법은 회로 설계가 규칙적이고 신호의 처리가 간단하여 설
계는 용이하나 시스템의 동작 시간이 길어지면 그에 따라 릴레이의 동작 시간도 길어진
다는 단점이 있다.

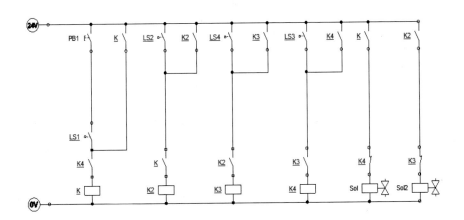

【그림】 주회로 차단법의 설계 예의 시퀀스 회로도

4) 최대 신호 차단법

그림의 공압 회로에서 나타낸 바와 같이 양측 전자 밸브로 공압 실린더를 제어하는 회로로서 각각의 운동 스텝에 릴레이를 할당했고 레지스터의 원리를 이용한 회로 설계로, 리밋 스위치의 신호와 전 신호의 동작 신호인 릴레이의 a접점을 AND로 하여 다음 스텝의 릴레이를 동작시키고, 그 스텝 신호의 b접점으로 전 신호를 차단시키도록 구성된 회로이다. 이와 같이 각각의 제어 신호를 자기 유지시키고 다음 운동 스텝 신호에 인터록시킴으로써 운동의 제어가 확실한 설계 방법으로 최대 신호 차단법이라 하며 설계 방법은 다음과 같다.

양측 솔레노이드 밸브를 사용할 경우 릴레이가 ON 되는 조건식

첫 릴레이가 ON 되는 조건식: $R1 = (St \cdot LS + R1) \cdot (R2)b$
일반 릴레이가 ON 되는 조건식: $Rn = (LS \cdot Rn-1 + Rn) \cdot (Rn+1)b$
최종 릴레이가 ON 되는 조건식:
$\quad\quad Rlast = (LS \cdot Rlast-1 + Rlast + Reset) \cdot (R1)b$
여기서 R: 릴레이의 전자 코일 또는 a접점
　(R)b: 릴레이의 b접점
　　·: 직렬연산
　　+: 병렬연산
　　LS: 바로 앞 단계의 도달 조건

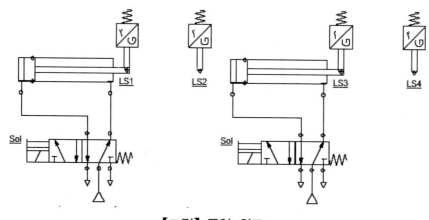

【그림】공압 회로

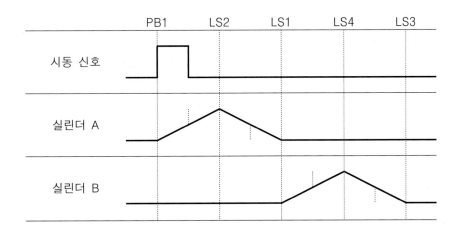

실린더 작동 순서	A+	A-	B+	B-
체크백 신호	LS2	LS1	LS4	LS3
작동 릴레이	R1	R2	R3	R4
작동 솔레노이드	Sol1	Sol2	Sol3	Sol4

【그림】 시퀀스 차트

■ 동작 순서

① 먼저 동작 순서를 간략적 표시법으로 표시하고 각 스텝에 릴레이를 할당한다.

② 두 번째로 공압 회로를 작성하고 리밋 스위치를 배치한다.

③ 세 번째로 제어 회로를 구성한다.

A+ A- B+ B-

5) 단계 신호와 직렬 설계 순서

① 시동 신호인 누름 버튼 스위치 PB1와 최종 스텝 완료 신호인 LS3를 직렬로 연결하고 자기 유지시킨다.

② 첫 번째 스텝 완료 신호인 LS2와 전 단계 신호 R1의 a접점을 직렬로 연결하고 자기 유지시킨다. 이와 같이 리밋 스위치의 동작 순서대로 차례로 연결하고 각 동작마다 자기 유지시킨다.

③ 전 단계 신호의 리셋은 릴레이의 b접점을 자기 유지 라인 밑에 삽입하여 다음 스텝
이 동작되면 자기 유지가 해제되도록 한다.

④ 마지막 스텝은 자기 유지 회로와 병렬로 리셋 스위치를 접속하여 시퀀스 첫 스텝에
전 단계 보증 신호를 줄 수 있도록 한다.

⑤ 주 회로를 그리고 작동 순서에 따라 릴레이의 a접점을 솔레노이드와 접속하여 회
로를 완성한다.

먼저 전기를 투입 후 첫 사이클은 반드시 리셋 스위치를 눌러 첫 번째 스텝에 전 단계
보증 신호를 준 후 시동 스위치인 PB1을 누르면 릴레이 R1의 a접점에 의해 sol1이 동
작되므로 실린더 A가 전진 완료되어 LS2가 ON 되면 LS2와 R1이 AND로 되어 R2 릴
레이가 여자되고 자기 유지된다. 이 R2의 a접점으로 sol2가 ON 되어 실린더 A가 후진
한다. 이와 같이 리밋 스위치의 동작 순서에 따라 각 스텝이 차례로 진행되어 실린더가
순차적으로 동작하는 것이다.

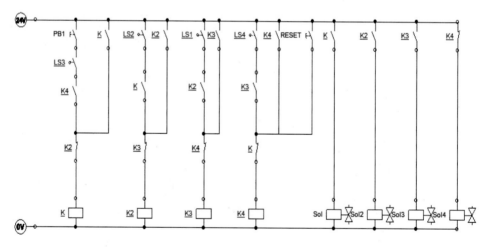

【그림】 최대 신호 차단법 설계 예의 시퀀스 회로도

3.5.6 전기 유압 회로 구성법

전기 스위치를 PB1을 누르면 실린더가 전진하고 떼면 실린더는 복귀한다.

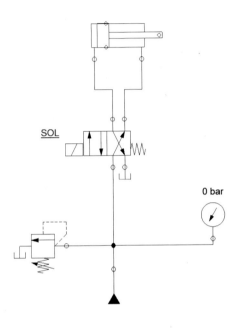

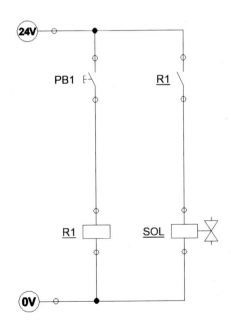

1) 발생 장치 선택

① 라이브러리 트리뷰에서 [유압 → 펌프 및 증폭기]를 선택한다.
② 유압 압력 소스를 문서 화면에 끌어다 놓는다.

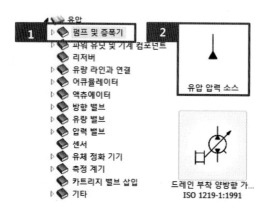

2) 가변 릴리프 밸브 선택

① 라이브러리 트리뷰에서 [유압 → 압력 밸브 → 압력 릴리프 밸브]를 선택한다.
② 컴포넌트 영역에 가변 릴리프 밸브를 선택하고 문서 화면에 끌어다 놓는다.

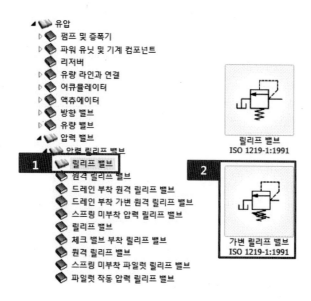

3) 압력계 선택

① 라이브러리 트리뷰에서 [유압 → 측정계기]를 선택한다.

② 컴포넌트 영역에서 압력계를 선택하고 문서 화면에 끌어다 놓는다.

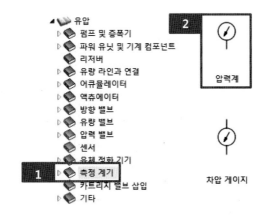

4) 4/2-Way 선택

① 라이브러리 트리뷰에서 [유압 → 방향 밸브 → 4/2-Way 밸브]를 선택한다.

② 컴포넌트 영역에서 4/2-Way NO 밸브를 선택하고 문서 화면에 끌어다 놓는다.

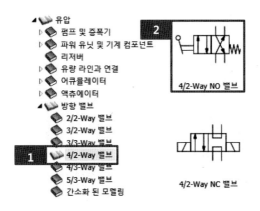

③ 4/2-Way NO 밸브를 더블클릭한다.

④ 컴포넌트 속성창 왼쪽에 기술 사양을 선택한다.

⑤ 조작 위치를 선택한다.

⑥ 삭제 버튼을 클릭한다.

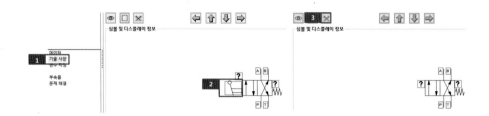

⑦ 조작 위치에 있는 ? 박스를 더블클릭한다.

⑧ 명령어 선택에서 솔레노이트, DC/AC를 선택한다.

⑨ √버튼을 클릭한다.

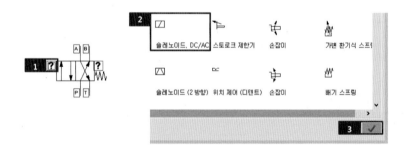

⑩ 화살표 아래 버튼을 눌러 솔레노이드를 아래에 위치하도록 이동시킨다.

⑩ 아래로 이동을 시킨 후 √버튼을 클릭한다.

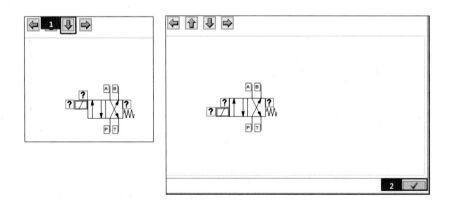

5) 리저버 선택

① 라이브러리 트리뷰에서 [유압 → 리저버]를 선택한다.

② 컴포넌트 영역에서 유체 정역학 리저버를 선택하고 문서 화면에 끌어다 놓는다.

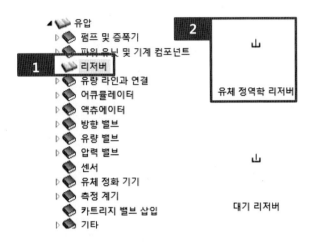

6) 복동실린더 선택

① 라이브러리 트리뷰에서 [유압 → 복동실린더(빌더)]를 선택한다.

② 컴포넌트 영역 안에 복동 실린더를 선택하고 문서 화면에 끌어다 놓는다.

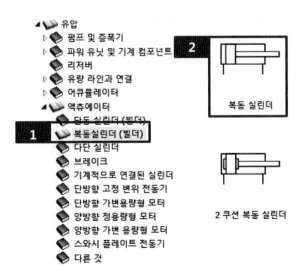

7) 정렬 및 포트 연결

① 각 컴포넌트를 아래 그림과 같이 정렬하고 포트를 연결한다.

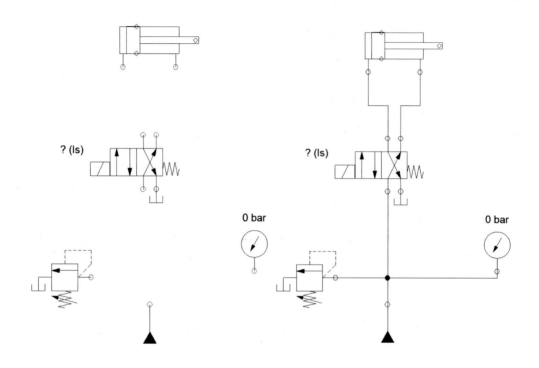

8) 전원 공급원 선택

① 라이브러리 트리뷰에서 전기 제어(IEC표준)의 ▷를 선택하여 목차를 연다.

② [전원 공급원 → 24볼트 전원 공급 장치]와 [전원 공급원 → 접지(0볼트)]를 선택하고 문서 화면에 끌어다 놓는다.

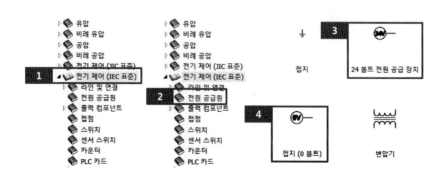

9) 전기 스위치와 전기 부하

① 스위치를 선택한다.

② 상시 열림 누름 버튼을 선택하여 마우스 왼쪽 버튼을 계속 누른 상태에서 문서 화면으로 옮겨 놓고 변수 수정창에서 알리아스를 PB1으로 작성하고 √ 버튼을 클릭한다.

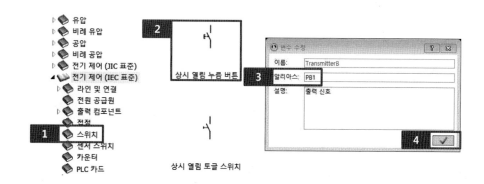

④ 같은 방법으로 [접점 → 상시 열림 접점]을 화면에 옮겨 놓는다.

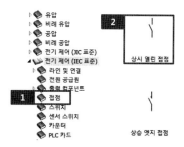

⑤ 컴포넌트 속성창이 나타나면 닫기한다.

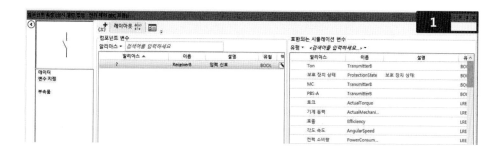

⑥ 라이브러리 트리뷰에서 출력 컴포넌트의 ▷를 선택하여 목차를 연다.

⑦ [코일 → 코일]를 선택하여 마우스 왼쪽 버튼을 계속 누른 상태에서 문서 화면으로 옮겨 놓고 변수 수정창에서 알리아스를 R1으로 작성하고 √버튼을 클릭한다.

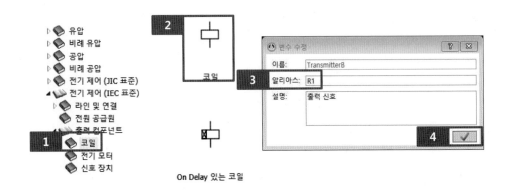

10) 솔레노이드 밸브

① 라이브러리 트리뷰에서 [전기 제어(IEC표준) → 출력 컴포넌트]를 선택한다.

② 컴포넌트 영역 안에 솔레노이드 DC/AC를 선택하고 문서 화면에 끌어다 놓는다.

③ 변수 수정창에서 알리아스를 Sol로 작성하고 √ 버튼을 클릭한다.

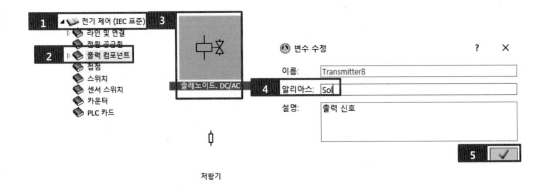

11) 4/2-Way 밸브와 솔레노이드 연결

① 문서 화면에 있는 4/2-Way NO 밸브를 더블클릭한다.

② 컴포넌트 속성창 왼쪽에 있는 Hx의 +를 클릭한다.

③ 확장된 트리에서 SOL_1을 클릭한다.

④ 변수 지정을 선택하고 호환되는 시뮬레이션 변수에서 알리아스 검색에 Sol을 작성한다.

⑤ Sol을 선택하고 컴포넌트 속성창 오른쪽 하단에 있는 선택한 컴포넌트 변수와 관련된 읽기나 쓰기 생성 버튼을 클릭한다.

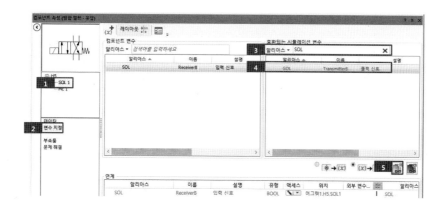

12) 상시 열린 점접과 코일 연결

① 문서 화면에 있는 상시 열린 접점을 더블클릭한다.

② 컴포넌트 속성창에서 왼쪽 변수 지정을 선택한다.

③ 호환되는 시뮬레이션 변수에서 알리아스 검색에 R1을 작성한다.

④ R1을 선택하고 컴포넌트 속성창 오른쪽 하단에 있는 선택한 컴포넌트 변수와 관련된 읽기나 쓰기 생성 버튼을 클릭한다.

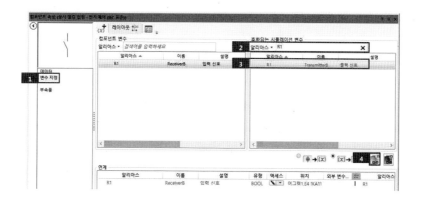

13) 전기 배선

① 컴포넌트를 아래 그림과 같이 정렬한다.

② 각 컴포넌트를 회로 연결한다.

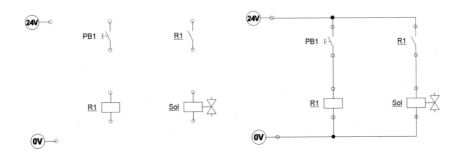

14) 시뮬레이션

■ 사용자 지정 메뉴 사용

   – 일반 시뮬레이션 시작(▶)을 누른다.

■ 메뉴 사용

   – 시뮬레이션 메뉴 선택하고 리본 메뉴에 있는 일반 시뮬레이션 아이콘을 누른다.

① PB1 버튼 위치에 마우스를 가져다 놓으면 형상이 손 모양으로 변경되고 변경되었을 때 누른다.

② 실린더가 전진하고 PB1 버튼을 놓으면 실린더가 후진한다.

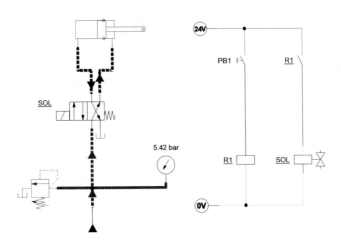

Exercise	복동실린더 타이머 제어 회로	제한시간
		30분

실습목표	① 편솔레노이드 밸브를 이용하여 복동실린더를 제어할 수 있다. ② 전기회로에서 타이머를 이용하여 복동실린더를 제어하는 방법을 이해한다.

구 성 요 소	수량	구 성 요 소	수량

• 복동실린더
   (유압〉액추에이터〉복동실린더)
	1	• 상시 열림 버튼
		   (전기제어 IEC〉스위치)
			1

• 4/2 way NO 밸브
   (유압〉방향 밸브〉4/2 way 밸브)
	1	• 상시 열림 리밋 스위치
		   (전기제어 IEC〉센서스위치〉상시 열림 리밋 스위치)
			2

• 기계 위치 센서
   (유압〉센서)
	2
	 1
		• 상시 열림 접점
		   (전기제어 IEC〉접점)
			2

• 가변 논리턴 스로틀 밸브
   (유압〉유량 밸브〉오리피스)
	1	• 솔레노이드
		   (전기제어 IEC〉출력 컴포넌트)
			1

• ON 딜레이 상시 열린 접점
   (전기제어 IEC〉접점)
		• ON Delay 있는 코일
		   (전기제어 IEC〉출력 컴포넌트〉코일)
			1

① PB1을 누르면 복동실린더가 전진한다.
② 전진이 완료되면 5초 후에 복동실린더가 후진한다.

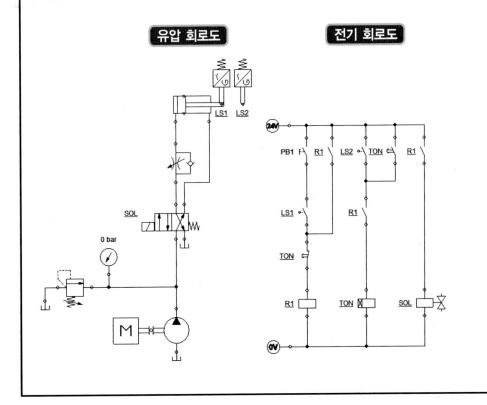

Exercise	순차 작동 회로	제한시간
		30분
실습목표	① 두 개 이상의 실린더를 순차 제어할 수 있다. ② 기능 선도를 작성할 수 있다.	

① PB1 버튼을 누르면 실린더 A가 전진한다.
② 실린더 A가 전진을 완료하면 실린더 B가 전진한다.
③ 실린더 B가 전진하고 후진한다.
④ 실린더 B가 후진을 완료하면 실린더 A는 후진한다.

유압 회로도

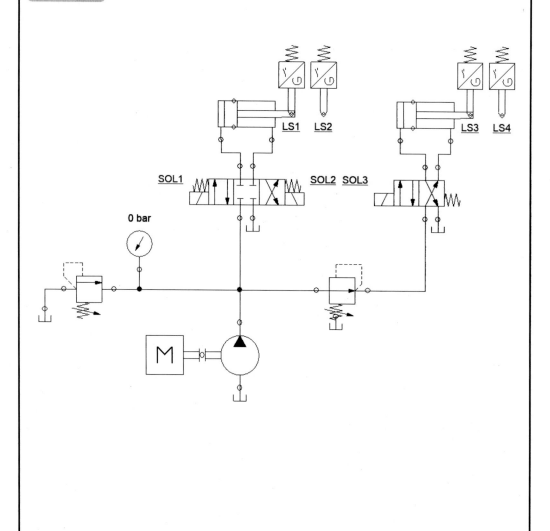

Exercise	순차 작동 회로	제한시간
		30분

전기 회로도

Exercise	압력 스위치 작동 회로	제한시간
		30분

유압 회로도

3.6 PLC 제어

3.6.1 PLC 개요

1) PLC 정의

PLC는 프로그래머블 로직 컨트롤러(Programmable Logic Controller)의 약자이다.
기존의 시퀀스 제어 내용을 기본으로 하며, '논리연산, 순서조작, 시한, 계수 및 산술
연산 등의 제어 동작을 실행시키기 위해 제어 순서를 일련의 명령어 형식으로 기억하는
메모리를 가지고, 이 메모리의 내용에 의해 하드웨어를 제어하는 전자장치'이다. 기존의
제어반에서 사용하던 릴레이, 타이머, 카운터 등의 기능을 PLC 내부에서 동작할 수 있
도록 해서 배선과 부품 등을 간소화하였다.

또한, 사용자가 제어할 수 있도록 별도의 프로그래밍 툴을 제공하기 때문에 전문가가
아니더라도 현장에서 모든 장비 및 설비 등을 쉽게 제어할 수 있도록 하였다.

2) PLC 구조

PLC는 입력 신호에 대한 출력 신호를 제어하는 장치로 PLC 메모리에 저장된 시퀀스 프로그램에 의해 출력장치를 제어한다.

PLC의 출력은 소형 솔레노이드 밸브나 파일럿 램프 같은 가벼운 부하는 PLC 출력을 통해 직접 제어할 수 있지만, 3상 유도전동기, 대형 솔레노이드 밸브 등의 부하는 콘택트 (전자개폐기), 릴레이 등을 중간 매개체로 하여 구동하여야 한다.

따라서 PLC 제어반을 보면 PLC와 함께 콘택트, 릴레이, 전원용 차단기 등과 함께 설치되어 있는 것을 알 수 있다.

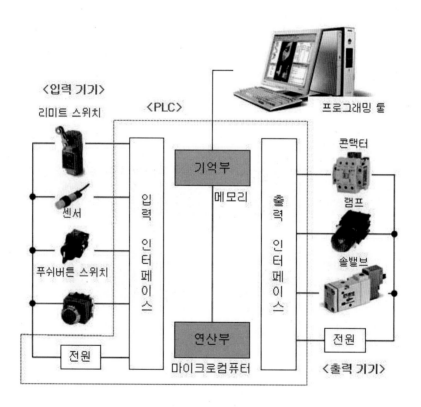

PLC는 인간의 두뇌 역할의 중앙처리장치부, 외부 기기와 신호를 연결해 주는 입출력부, 전원 공급부, 프로그램 장치 등으로 구성된다.

3) 중앙처리장치(CPU)와 메모리

중앙처리장치부는 PLC의 두뇌이다. 논리 및 산술연산을 하기 위한 마이크로프로세서와 연산 결과 및 프로그램을 저장하기 위한 RAM, ROM 등의 메모리로 구성된다. PLC의 메모리는 사용자 프로그램 메모리, 데이터 메모리, 시스템 메모리 등의 3가지로 구분되며, 사용자 프로그램 메모리는 사용자가 작성한 프로그램이 저장되는 영역으로 RAM으로 구성되어 필요에 따라 언제든지 프로그램의 내용을 바꿀 수 있다.

데이터 메모리는 입출력 릴레이, 보조 릴레이, 타이머, 카운터 등의 접점 상태 및 설정값, 현재값 등의 정보가 저장되는 영역으로 정보가 수시로 바뀌므로 RAM 영역이 사용된다.

시스템 메모리는 PLC 제작회사에서 작성한 프로그램이 저장되는 영역으로 PLC의 성능 및 기능, 사용자의 프로그램을 번역하여 CPU가 처리할 수 있도록 하는 시스템 프로그램이 저장되는 장소이며 ROM 영역을 사용한다.

4) 입·출력 인터페이스 장치

PLC의 입·출력부는 현장의 외부 기기와 직접 접속하여 사용한다. 푸시버튼 스위치, 리밋 스위치, 각종 센서, 선택 스위치 등과 같은 입력장치는 입력부 단자에 연결된다. 전동기 구동을 전자개폐기, 솔레노이드 밸브, 지시용 램프 등은 출력부의 단자에 연결된다.

PLC의 입·출력부는 현장의 외부 기기와 직접 접속하여 사용하므로 입력 모듈 선정 시 아래의 사항을 고려해야 한다.

① 외부 기기와 전기적 규격이 일치해야 한다.

② 외부 기기의 노이즈가 CPU로 전달되지 않아야 한다.

③ 외부 기기와 접속이 용이해야 한다.

④ 입출력의 각 접점 상태를 감시할 수 있어야 한다.

	구 분	부 착 장 소	외부 기기의 명치
입력부	조작 입력	제어반과 조작반	푸시 버튼 스위치 선택 스위치 토글 스위치
	검출 입력 (센서)	기계 장치	리밋 스위치 광전 스위치 근접 스위치 레벨 스위치
출력부	표시 경보 출력	제어반 및 조작반	파일럿 램프 부저
	구동 출력 (액추에이터)	기계장치	전자 밸브 전자 클러치 전자 브레이크 전자 개폐기

5) PLC 배선

PLC를 사용하기 위해서는 입력장치에는 각종 스위치와 센서, 출력장치에는 솔레노이드 밸브와 램프, 릴레이 등이 전기적으로 연결되어야 한다.

아래의 그림은 PLC의 입출력 배선도와 내부 PLC 프로그램 부분을 분리한 것이다.

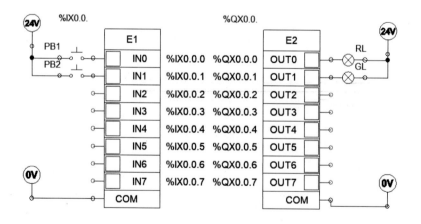

① 외부 기기와 전기적 규격이 일치해야 한다.
② 외부 기기로부터 노이즈가 CPU쪽에 전달되지 않도록 해야 한다. (포토커플러 사용)
③ 외부 기기와의 접속이 용이해야 한다.
④ 입출력의 각 접점 상태를 감시할 수 있어야 한다.

6) PLC 프로그램

프로그램 안에서 사용되는 데이터는 값을 가지고 있는데, 프로그램이 실행되는 동안에 값이 변하지 않는 상수와 그 값이 변하는 변수가 있다. 프로그램 블록, 펑션, 펑션블록 등의 프로그램 구성 요소에서 변수를 사용하기 위해서 우선 변수의 표현 방식을 설명한다.

직접 변수는 사용자가 변수 이름과 형 등의 선언이 없이 이미 Maker에 의해 정해진 메모리 영역의 식별자와 주소를 사용한다.

네임드 변수는 사용자가 변수 이름과 형 등을 선언하고 사용한다.

7) PLC 프로그래밍의 설계 순서

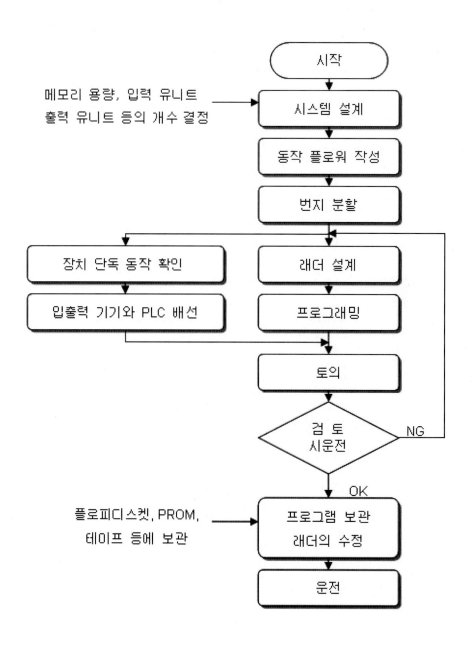

3.6.2 PLC 회로 구성법

PLC 회로는 문서 화면에서 입출력 슬롯의 접점을 구성하고 각 슬롯에 입출력 요소를 각각 배치하여 배선한 뒤 래더 프로그램을 작성해야 동작된다. 이번 교재에서는 래더 프로그램은 IEC 규격을 PLC 회로는 JIC 규격을 이용해서 작성하는 방법으로 구성한다.

램프 제어	시작 스위치 PB1(P000)을 누르는 동안에 램프 M(P010)이 동작되어야 한다.

1) PLC 카드 추가

① 라이브러리 트리뷰에서 [전기 제어(JIC 표준) → PLC 카드]를 선택한다.
② 컴포넌트 영역 안에 PLC 입력 카드와 PLC 출력 카드를 각각 선택하고 문서화면에 끌어다 놓는다.

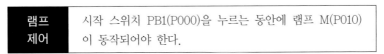

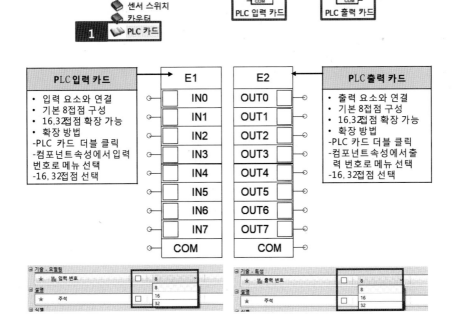

2) 전원 공급원 구성

① 라이브러리 트리뷰에서 [전기 제어(JIC 표준) → 전원 공급원]을 선택한다.

② 컴포넌트 영역 안에 24볼트 전원 공급 장치와 접지(0볼트)를 각각 선택하고 2개씩 문서 화면에 끌어다 놓는다.

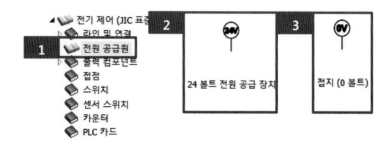

3) 상시 열림 누름 버튼 구성

① 라이브러리 트리뷰에서 [전기 제어(JIC 표준) → 스위치]을 선택한다.

② 컴포넌트 영역 안에 상시 열림 누름 버튼을 선택하고 문서 화면에 끌어다 놓는다.

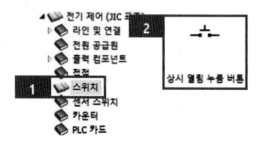

4) 지시등 구성

① 라이브러리 트리뷰에서 [전기 제어(JIC 표준) → 출력 컴포넌트 → 신호장치]를 선택한다.

② 컴포넌트 영역 안에 지시등을 선택하고 문서 화면에 끌어다 놓는다.

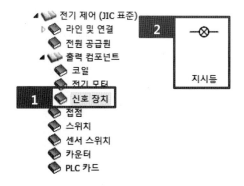

5) PLC 배선 및 정렬

① 각 컴포넌트를 PLC를 중앙에 배치하고 아래 그림과 같이 정렬한다.

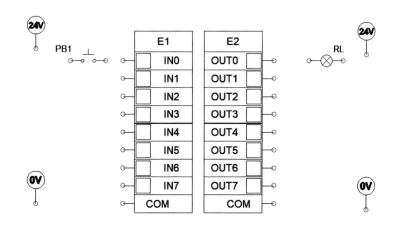

② PLC 입력 카드 왼쪽에 있는 24볼트 전원 공급 장치의 포트와 PB1 포트를 연결한다.

③ PB1을 PLC 입력 카드 IN0에 연결한다.

④ PLC 입력 카드 왼쪽에 있는 0볼트(접지)의 포트를 PLC 입력 카드 COM에 연결한다.

⑤ PLC 출력 카드 오른쪽에 있는 24볼트 전원 공급 장치의 포트와 RL포트를 연결한다.

⑥ RL을 PLC 출력 카드 OUT0에 연결한다.

⑦ PLC 출력 카드 오른쪽에 있는 0볼트(접지)의 포트를 PLC 출력 카드 COM에 연결한다.

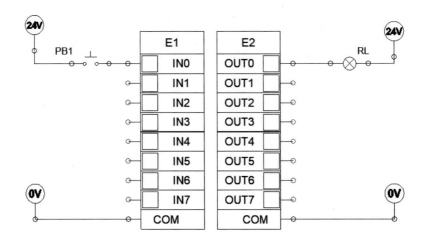

6) PLC 래더 작성

① 라이브러리 트리뷰에서 [IEC 표준 래더 → 렁]을 선택한다.

② 컴포넌트 영역 안에 렁을 선택하고 문서 화면에 끌어다 놓는다.

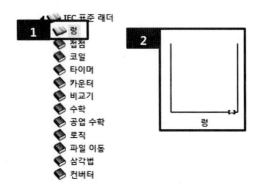

③ 라이브러리 트리뷰에서 [IEC 표준 래더 → 접점]을 선택한다.

④ 컴포넌트 영역 안에 NO접점을 선택하고 렁의 첫 번째 포트 입력에 가져다 놓는다.

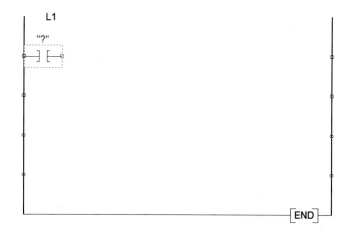

⑤ 라이브러리 트리뷰에서 [IEC 표준 래더 → 코일]을 선택한다.

⑥ 컴포넌트 영역 안에 출력 코일을 선택하고 렁의 첫 번째 포트 출력에 가져다 놓는다.

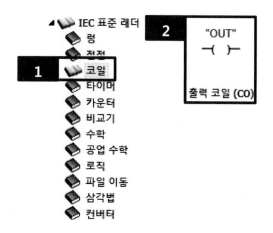

⑦변수 수정창이 나타나면 √버튼을 클릭한다.

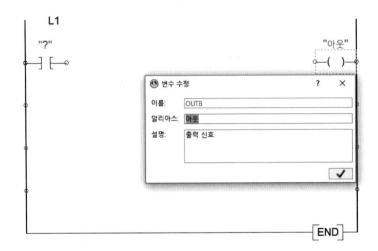

⑧ 렁에 있는 NO 접점과 출력 코일을 연결한다.

7) PLC 래더 설정

① 렁 안에 있는 NO 접점을 더블클릭한다.

② 컴포넌트 속성창에서 변수 지정을 선택한다.

③ 호환되는 시뮬레이션 변수에서 IN0를 작성한다.

④ IN0를 선택하고 컴포넌트 속성창 오른쪽 하단에 있는 선택한 컴포넌트 변수와 관련된 읽기나 쓰기 생성 버튼을 클릭한다.

⑤ 렁 안에 있는 출력 코일을 더블클릭한다.

⑥ 컴포넌트 속성창에서 변수 지정을 선택한다.

⑦ 호환되는 시뮬레이션 변수에서 OUT0를 작성한다.

⑧ OUT0를 선택하고 컴포넌트 속성창 오른쪽 하단에 있는 선택한 컴포넌트 변수와 관련된 읽기나 쓰기 생성 버튼을 클릭한다.

8) 시뮬레이션

■ 사용자 지정 메뉴 사용

　– 일반 시뮬레이션 시작(▶)을 누른다.

■ 메뉴 사용

　– 시뮬레이션 메뉴를 선택하고 리본 메뉴에 있는 일반 시뮬레이션 아이콘을 누른다.

　① PLC 입력 카드에 있는 PB1 버튼 위치에 마우스를 가져다 놓으면 형상이 손 모양으로 변경되고, 변경되었을 때 누른다.

　② PLC 출력 카드에 있는 RL 지시등이 켜진다.

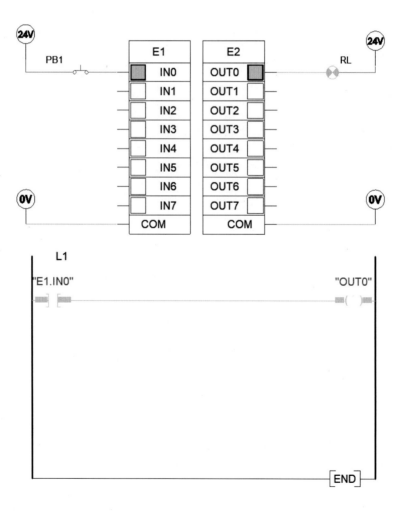

3.6.3 PLC 기본 회로

1) AND 논리 회로

AND 논리는 2가지 이상의 입력 요소가 있는 시스템에서 입력되는 모든 조건이 만족될 때만 출력 신호가 존재하게 되는 논리이다.

이와 같은 직렬회로는 기계의 각 부분이 소정의 위치까지 진행되지 않으면 다음 동작으로 이행을 금지하는 경우에 사용된다.

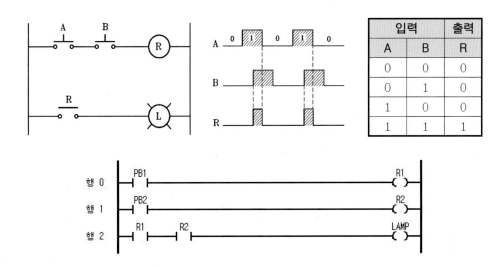

2) OR 논리 회로

여러 개의 입력 신호 중 하나 또는 그 이상의 신호가 ON 되었을 때 출력을 내는 회로로서 병렬회로라고 한다.

누름 버튼 스위치 A와 B의 작동에 대한 릴레이 R의 동작과 램프의 동작과 진리표를 나타낸다.

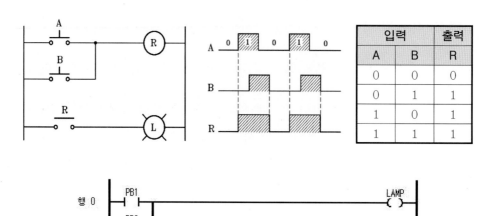

3) NOT 회로

NOT 회로는 출력이 입력의 반대가 되는 회로로서 입력이 0이면 출력이 1이고, 입력이 1이면 출력이 0이 되는 부정 회로이다.

릴레이의 b접점을 이용한 NOT 회로로서 누름 버튼 스위치 A가 눌려 있지 않은 상태에서는 램프가 점등되어 있고, 누름 버튼 스위치 A가 눌려지면 R접점이 열려 램프가 소등하는 회로이다.

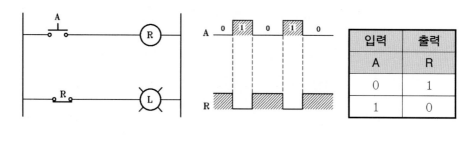

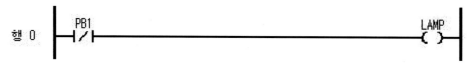

4) 자기 유지 회로

오프(off) 우선 방식의 자기 유지 회로이며 누름 버튼 스위치 PB1을 누르면 릴레이 R
이 동작하여 램프가 점등하며, 스위치 PB1에서 손을 떼도 전류는 R(1)접점과 PB2를
통해 코일에 계속 흐르므로 동작 유지가 가능하다.

PB1이 복귀하여도 R(1)접점에 의해 R의 동작 회로가 유지된다.

자기 유지의 해제는 누름 버튼 스위치 PB2에 의해 일어난다.

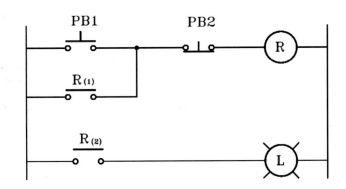

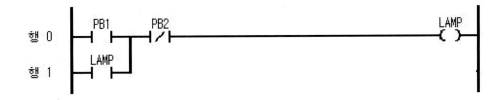

5) 인터록 회로

기기의 보호나 작업자의 안전을 위하여 작동 순서에 있는 제어 접점을 이용하여 상대
기기의 동작을 금지하는 회로를 인터록 회로라 하며, 다른 말로 선행 동작 우선 회로 또
는 상대 동작 금지 회로라고도 한다.

동작을 살펴보면 누름 스위치 PB1(PB2)이 먼저 ON 되어 R1(R2) 릴레이가 동작하면
PB2(PB1)가 눌려도 R2(R1) 릴레이는 동작할 수 없음을 알 수 있다.

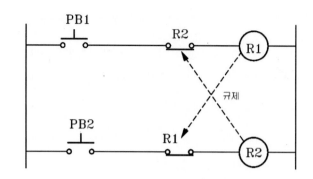

Exercise	PLC를 이용한 지시등 기본 제어	제한시간
		20분

실습목표	① PLC 입출력 접점을 배선할 수 있다. ② PLC 프로그램을 작성하여 지시등을 기본 제어할 수 있다.

구 성 요 소	규 격	수량	유 의 사 항
• 전원 공급 장치	24.0볼트	2	• 배선할 때 입출력 모듈이 바뀌지 않도록
• 상시 열림 누름 버튼		2	한다.
• 지시등		1	• PLC 입력과 출력 슬롯 COM의 +와 −를
• PLC 입력 8점/출력 8점		1	주의한다.

동작 조건

2개의 입력인 PB1 스위치와 PB2 스위치를 이용하여 1개의 지시등 RL을 각각 AND 제어, OR 제어, NOT 제어, 자기 유지 제어로 논리 제어한다.

IO 할당표

입력 카드			출력 카드		
명 칭	IEC	의 미	의 미	IEC	명 칭
PB1	%IX0.0.0	시작 스위치	모터	%QX0.1.1	M
PB2	%IX0.0.1	정지 스위치			

결선도

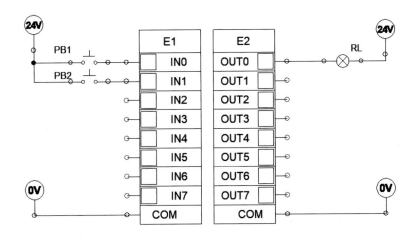

해답	PLC를 이용한 지시등 기본 제어

AND 제어

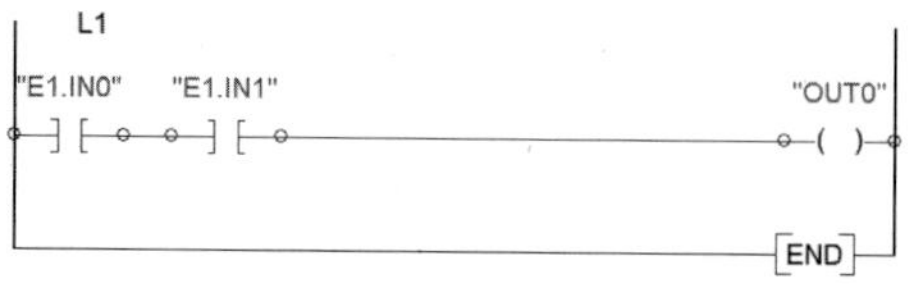

OR 제어

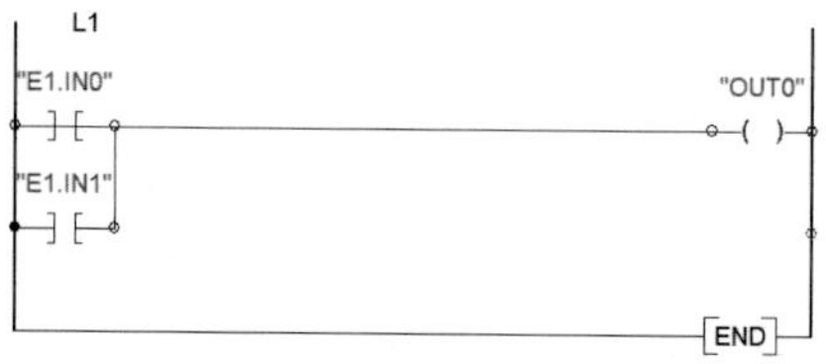

NOT 제어

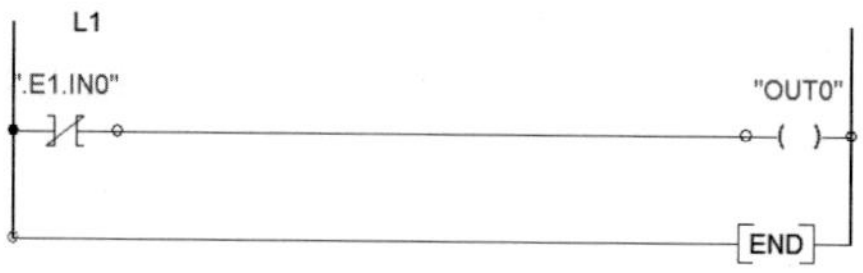

자기유지제어

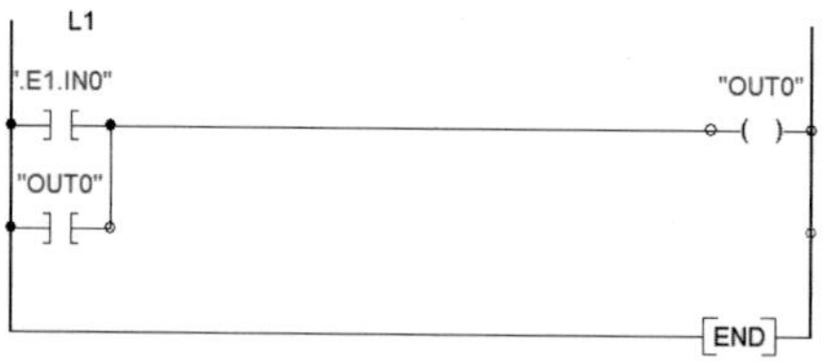

자기유지응용제어

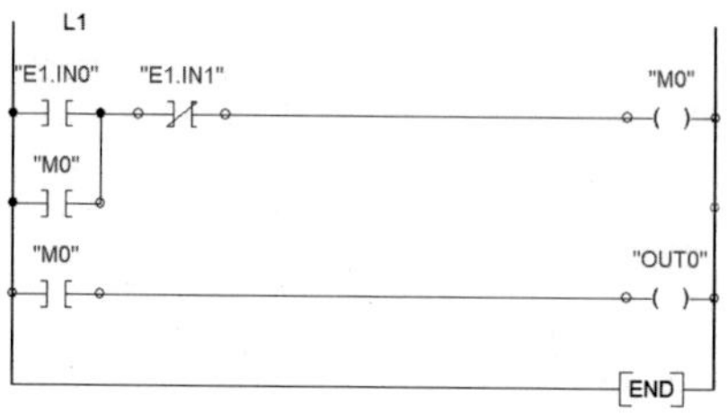

Exercise	램프 인터록 제어	제한시간
		20분

실습목표	① PLC 입출력 접점을 배선할 수 있다. ② PLC 프로그램을 작성하여 전구를 인터록 제어할 수 있다.		

구 성 요 소	규 격	수량	유 의 사 항
• 전원 공급 장치	24.0볼트	2	• 배선할 때 입출력 모듈이 바뀌지 않도록
• 상시 열림 누름 버튼		3	한다.
• 지시등		4	• PLC 입력과 출력 슬롯 COM의 +와 - 를
• PLC 입력 8점/출력 8점		1	주의한다.

동작 조건

① PB1 스위치가 ON 되면 녹색 전구가 켜지고 PB2 스위치가 ON 되면 적색 전구가 켜진다.
② 녹색 전구가 ON 되었을 때 PB2를 누르면 녹색 전구는 OFF 되고 적색 전구는 ON 된다.
③ PB2 스위치가 ON 되었을 때 PB1을 누르면 적색 전구는 OFF 되고 녹색 전구는 ON 된다.

IO 할당표

입력 카드			출력 카드		
명 칭	IEC	의 미	의 미	IEC	명 칭
PB1	P00	시작 스위치	적색 지시등	P10	RL
PB2	P01	정지 스위치	황색 지시등	P11	YL
PB3	P02	리셋 스위치	녹색 지시등	P12	GL
			청색 지시등	P13	BL

결선도

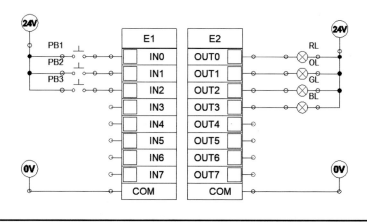

해답	램프 인터록 제어

L1

"E1.IN0"   "M1"   "E1.IN2"   "M0"
  ─┤ ├──┬──┤/├───┤/├────────────────────────────( )─
         │
  "M0"   │
  ─┤ ├───┘

"E1.IN1"   "M0"   "E1.IN2"   "M1"
  ─┤ ├──┬──┤/├───┤/├────────────────────────────( )─
         │
  "M1"   │
  ─┤ ├───┘

"M0"   "OUT0"
  ─┤ ├──( )─

"M1"   "OUT1"
  ─┤ ├──( )─

[END]

Exercise	양음 변환 검출 접점을 이용한 램프 제어	제한시간
		20분

실습목표	① PLC 프로그램의 양음 변환 검출 접점 명령어를 이해할 수 있다. ② 양음 변환 검출 접점을 이용한 전구를 제어할 수 있다.

구 성 요 소	규 격	수량	유 의 사 항
• 전원 공급 장치	24.0볼트	2	• 배선할 때 입출력 모듈이 바뀌지 않도록
• 상시 열림 누름 버튼		3	한다.
• 지시등		4	• PLC 입력과 출력 슬롯 COM의 +와 -를
• PLC 입력 8점/출력 8점		1	주의한다.

동작 조건

① PB1 스위치가 ON 되는 순간 적색 지시등이 ON 된다.
② PB2 스위치를 눌렀다 떼면 황색 지시등이 ON 된다.
③ PB3 스위치를 누르면 적색 지시등은 OFF 되고, PB4 스위치를 누르면 황색 지시등이 OFF 된다.

IO 할당표

입력 카드			출력 카드		
명 칭	IEC	의 미	의 미	IEC	명 칭
PB1	P00	시작 스위치	적색 지시등	P10	RL
PB2	P01	정지 스위치	황색 지시등	P11	YL
PB3	P02	리셋 스위치	녹색 지시등	P12	GL
			청색 지시등	P13	BL

결선도

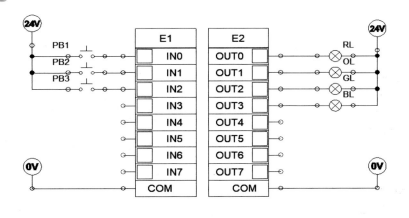

해답	양음 변환 검출 접점을 이용한 램프 제어

L1

```
".E1.IN0"      "E1.IN2"                                    "M0"
──┤P├──┬───┤/├────────────────────────────────────( )──
        │
   "M0" │
──┤ ├──┘


".E1.IN1"      "E1.IN2"                                    "M1"
──┤N├──┬───┤/├────────────────────────────────────( )──
        │
   "M1" │
──┤ ├──┘


   "M0"                                                    "OUT0"
──┤ ├──────────────────────────────────────────────( )──


   "M1"                                                    "OUT1"
──┤ ├──────────────────────────────────────────────( )──

                                                         [END]
```

Exercise	셋 · 리셋 코일을 이용한 램프 제어	제한시간
		20분

실습목표	① PLC 프로그램의 셋 리셋 코일의 명령어를 이해할 수 있다. ② 셋 리셋 코일을 이용한 램프제어를 제어할 수 있다.

구 성 요 소	규 격	수량	유 의 사 항
• 전원 공급 장치	24,0볼트	2	• 배선할 때 입출력 모듈이 바뀌지 않도록 한다.
• 상시 열림 누름 버튼		4	
• 지시등		4	• PLC 입력과 출력 슬롯 COM의 +와 −를 주의한다.
• PLC 입력 8점/출력 8점		1	

동작 조건

① PB1 스위치를 ON/OFF 하면 적색 지시등이 계속 ON 된다.
② PB2 스위치를 ON/OFF 하면 적색 지시등이 OFF 된다.
③ 적색 지시등이 ON 된 상태에서 신호를 OFF 해도 적색 지시등은 계속 ON 되어 있다.

IO 할당표

입력 카드			출력 카드		
명 칭	IEC	의 미	의 미	IEC	명 칭
PB1	P00	스위치1	적색지시등	P10	RL
PB2	P01	스위치2	황색지시등	P11	YL
PB3	P02	스위치3	녹색지시등	P12	GL
PB4	P03	스위치4	청색지시등	P13	BL

결선도

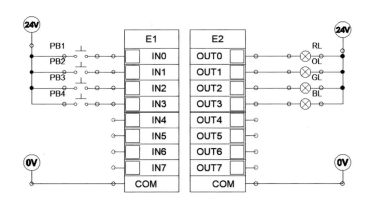

해답	셋·리셋 코일을 이용한 램프 제어

```
        L1
    ".E1.IN0"                                    "OUT0"
    ─┤ ├─○─────────────────────────────────────○─( S )─
    ".E1.IN1"
    ─┤ ├─○─────────────────────────────────────○─( R )─

                                                ─[END]─
```

Exercise	램프의 타이머 제어	제한시간
		20분

실습목표	① PLC 프로그램의 타이머 응용 명령어를 이해할 수 있다. ② 타이머를 이용하여 램프를 제어할 수 있다.

구 성 요 소	규 격	수량	유 의 사 항
• 전원 공급 장치	24.0볼트	2	• 배선할 때 입출력 모듈이 바뀌지 않도록
• 상시 열림 누름 버튼		4	한다.
• 지시등		4	• PLC 입력과 출력 슬롯 COM의 +와 −를
• PLC 입력 8점/출력 8점		1	주의한다.

동작 조건

시퀀스 프로그램 중 지정된 시간 이상의 시간 동안 조건 만족을 유지할 때 어떤 동작을 수행해야 하는 경우 등 시간 지연 요소가 필요할 경우 사용되는 프로그램 요소를 타이머라 한다. 타이머의 기능별로는 TON, TOFF 등이 지원된다.

각 타이머의 기능별로 동작 조건에 맞게 프로그래밍을 한다.

IO 할당표

입력 카드			출력 카드		
명 칭	IEC	의 미	의 미	IEC	명 칭
PB1	P00	스위치1	적색 지시등	P10	RL
PB2	P01	스위치2	황색 지시등	P11	YL
PB3	P02	스위치3	녹색 지시등	P12	GL
PB4	P03	스위치4	청색 지시등	P13	BL

결선도

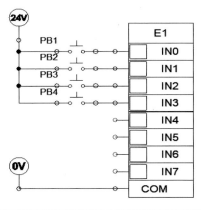
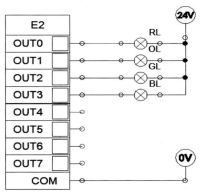

해답	램프의 타이머 제어

TON

ON Delay Timer는 조건이 만족된 후 설정된 시간 이상 조건이 유지될 때 타이머의 접점이 ON 되는 타이머이다.

■ 동작 특성

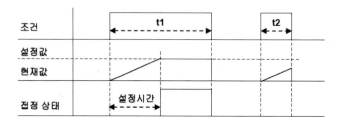

t1 ≥ 설정 시간, t2 < 설정 시간

■ 동작 조건
① PB1이 ON 된 후 5초 이상 ON 상태가 유지되면 RL이 점등한다.
② PB1이 OFF 되면 RL은 소등된다.

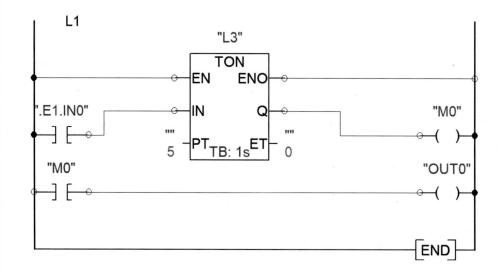

해답	램프의 타이머 제어

TOFF

OFF Delay Timer는 조건이 만족될 때 타이머 접점이 ON 되고, 조건이 OFF 된 후 설정 시간 동안 접점이 ON 상태를 유지하는 타이머이다.

■ 동작 특성

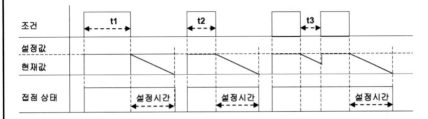

t1 ≥ 설정 시간, t2, t3 < 설정 시간

■ 동작 조건
① PB1이 ON 된 후 RL이 점등한다.
② PB1이 ON 된 후 1초 후에 RL은 소등된다.

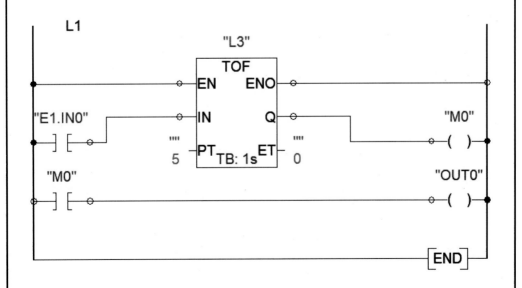

Exercise	램프 카운터 제어	제한시간
		20분

실습목표	① PLC 프로그램의 카운터 명령어를 이해할 수 있다. ② 카운터를 이용하여 램프를 제어할 수 있다.

구 성 요 소	규 격	수량	유 의 사 항
• 전원 공급 장치	24.0볼트	2	• 배선할 때 입출력 모듈이 바뀌지 않도록
• 상시 열림 누름 버튼		2	한다.
• 지시등		4	• PLC 입력과 출력 슬롯 COM의 +와 -를
• PLC 입력 8점/출력 8점		1	주의한다.

동작 조건

카운터는 조건의 만족 회수를 계수하는 프로그램 요소이다. 즉 조건이 만족될 때 현재값을 1씩 증가 또는 감소시켜 조건이 만족되는 회수를 누적한다.
카운터는 CTU, CTD 등이 있다.

IO 할당표

입력 카드			출력 카드		
명 칭	IEC	의 미	의 미	IEC	명 칭
PB1	P00	스위치1	적색 지시등	P10	RL
PB2	P01	스위치2	황색 지시등	P11	YL
PB3	P02	스위치3	녹색 지시등	P12	GL
PB4	P03	스위치4	청색 지시등	P13	BL

결선도

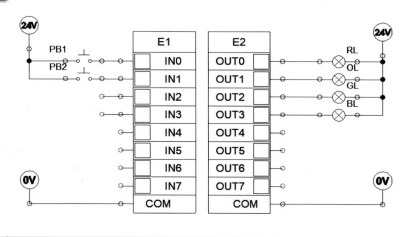

해답	램프 카운터 제어

CTU

UP 카운터의 초기 현재값은 0이다. 카운터의 동작 조건에 상승 에지가 발행(OFF→ON)할 때마다 카운터의 현재값이 1씩 증가 카운터의 현재값=설정값이 될 때 카운터의 접점이 ON 되는 카운터이다.

■ 동작 특성

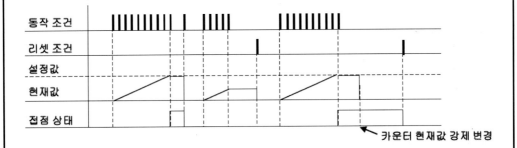

① PB1을 5번 이상 ON 되면 RL이 점등한다.
② PB2를 누르면 카운터가 리셋된다.

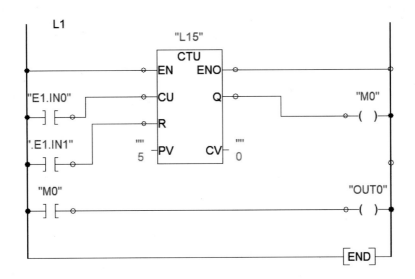

해답	램프 카운터 제어

CTD

DOWN 카운터의 초기 현재값=설정값이 된다. 카운터의 동작 조건에 상승 에지가 발생(OFF→ON)할 때마다 카운터의 현재 값이 1씩 감소되고, 카운터의 현재값=0이 될 때 카운터의 접점이 ON 되는 카운터이다.

■ 동작 특성

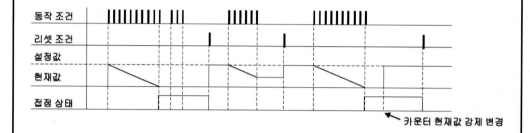

■ 동작 조건
① PB1을 5번 이상 ON 되면 RL이 점등한다.
② PB2를 누르면 카운터가 리셋된다.

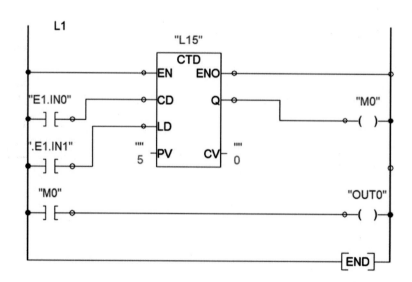

Exercise	3색 타워등 제어	제한시간
		30분

실습목표	① PLC 프로그램의 타이머 응용 명령어를 이해할 수 있다. ② 타이머를 이용하여 램프를 점멸 제어할 수 있다.

구 성 요 소	규 격	수량	유 의 사 항
• 전원 공급 장치	24,0볼트	2	• 배선할 때 입출력 모듈이 바뀌지 않도록
• 상시 열림 누름 버튼		2	한다.
• 지시등		4	• PLC 입력과 출력 슬롯 COM의 +와 -를
• PLC 입력 8점/출력 8점		1	주의한다.

동작 조건

① PB1 스위치를 누르면 적색 전구, 황색 전구, 녹색 전구가 5초 간격으로 ON/OFF 된다.
② PB2 스위치를 누르면 램프는 모두 꺼진다.

IO 할당표

입력 카드			출력 카드		
명 칭	IEC	의 미	의 미	IEC	명 칭
PB1	P00	스위치1	적색 지시등	P10	RL
PB2	P01	스위치2	황색 지시등	P11	YL
PB3	P02	스위치3	녹색 지시등	P12	GL
PB4	P03	스위치4			

결선도

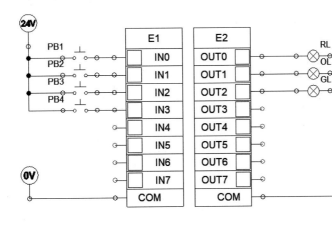

장비 구성	3색 타워등 제어

① 라이브러리 트리뷰에서 [HMI 및 제어판 → 제어 → 신호장치]를 선택한다.
② 컴포넌트 영역 안에 블링크 스택 라이트 3개를 선택하고 문서 화면에 끌어다 놓는다.
③ 라이트를 3개로 탑 모양으로 쌓는다.
④ 위에 있는 라이트를 더블클릭하고 블링킹 꺼짐 지속 시간과 켜짐 지속 시간을 0으로 설정한다.
⑤ 가운데 라이트를 더블클릭하고 컴포넌트 속성에서 컴포넌트 색상을 노란색으로 변경하고 블링킹 꺼짐 지속 시간과 켜짐 지속 시간을 0으로 설정한다.
⑥ 같은 방법으로 아래 있는 라이트를 더블클릭하고 컴포넌트 속성에서 컴포넌트 색상을 녹색으로 변경하고 블링킹 꺼짐 지속 시간과 켜짐 지속 시간을 0으로 설정한다.

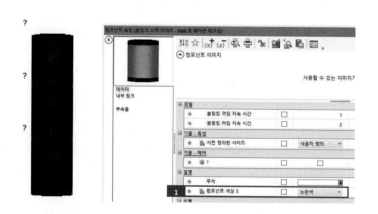

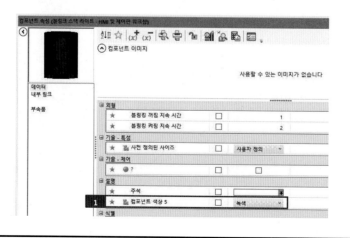

장비 구성	3색 타워등 제어

⑦ 위에 있는 빨간색 라이트를 더블클릭하고 컴포넌트 속성창에서 내부 링크를 선택한다.

⑧ 호환되는 시뮬레이션 변수에서 RL을 작성하고 오른쪽 하단에 있는 선택한 컴포넌트 변수와 관련된 읽기나 쓰기 생성 버튼을 클릭한다.

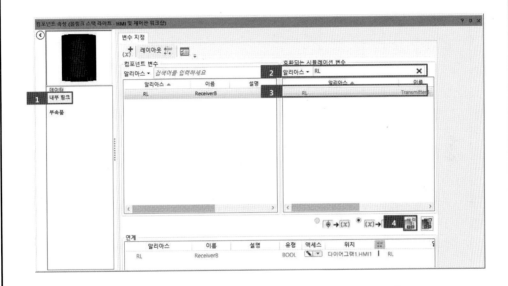

⑨ 같은 방법으로 노란색 라이트와 녹색 라이트의 내부 링크를 각 각 OL과 GL에 연결한다.

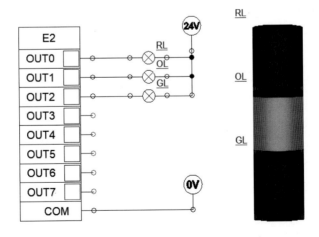

해답	3색 타워등 제어

PLC LD

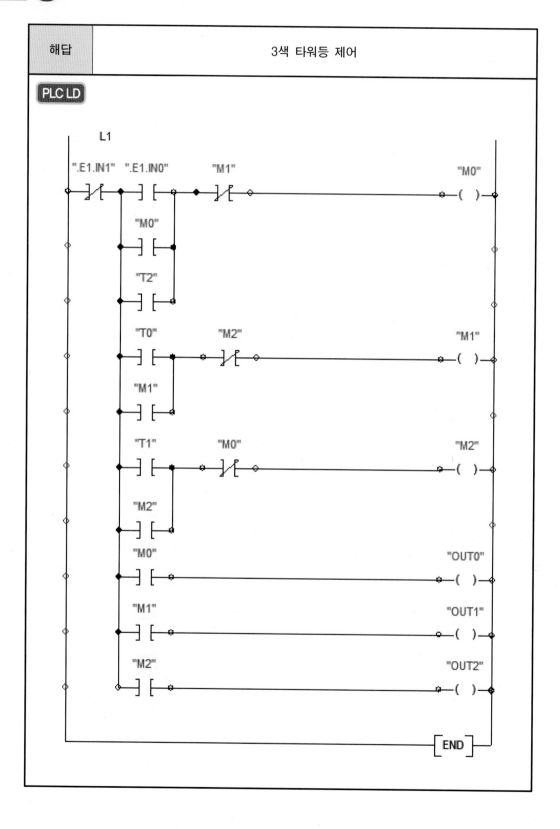

해답	3색 타워등 제어

```
       L14
                        "L13"
                        ┌──TON──┐
      ──────────────────┤EN  ENO├──────────────────
       "M0"             │       │                "T0"
      ──┤ ├──────┬──────┤IN    Q├──────────┬──────( )──
                 │   "" │       │ ""        │
                 └──────┤PT   ET├──5    TB:1s   0
                    5   └───────┘

                        "L23"
                        ┌──TON──┐
      ──────────────┬───┤EN  ENO├───┬──────────────
       "M1"         │   │       │   │            "T1"
      ──┤ ├──────┬──┤   ┤IN    Q├───────────────( )──
                 │  │"" │       │ ""
                 └──┤   ┤PT   ET├──
                 5  └───────┘  TB:1s   0

                        "L23"
                        ┌──TON──┐
      ──────────────────┤EN  ENO├──────────────────
       "M2"             │       │                "T2"
      ──┤ ├──────┬──────┤IN    Q├──────────┬──────( )──
                 │   "" │       │ ""        │
                 └──────┤PT   ET├──5    TB:1s   0
                    5   └───────┘

                                          ──[END]──
```

3.7 OPC-UA 제어

3.7.1 개요

OPC(Open Platform Communications)는 1996년에 처음 발표되었을 때, 그 목적은 PLC 전용 프로토콜 (Modbus, Profibus 등)을 표준화된 인터페이스로 추상화하여 HMI/SCADA 시스템이 일반 사용자를 "중산층" OPC 읽기/쓰기 요청을 장치별 요청으로 또는 그 반대로 수행하기 위함이었다.

처음에는 OPC 표준이 Windows 운영 체제로 제한되었으며, 이와 같이 OPC의 머리글자는 프로세스 제어를 위한 OLE(object linking and embedding)에서 나왔으며, 현재의 OPC Classic으로 알려진 이러한 사양은 제조, 빌딩 자동화, 오일 및 가스, 재생에너지 및 유틸리티 등 여러 산업 전반에 걸쳐 널리 채택되고 있다.

OPC 통합 구조(OPC Unified Architecture: OPC UA)는 산업용 자동화 애플리케이션을 위한 공급자 독립적인 통신 프로토콜이다. 클라이언트-서버 원리를 기반으로 하고, 개별 센서와 액추에이터로부터 ERPC 시스템이나 클라우드에 이르기까지 빈틈 없는 통신을 허용한다. 프로토콜은 플랫폼 독립적이고 내장된 안전 메커니즘을 특징으로 한다. OPC UA는 유연하고 완벽하게 독립적이기 때문에 Industry 4.0의 구현을 위한 이상적인 통신 프로토콜로 간주된다.

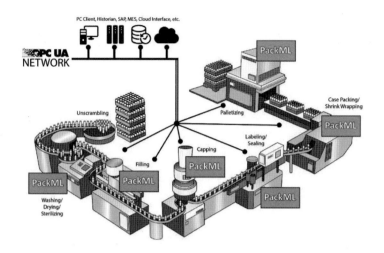

OPC UA는 IT의 IP 기반 세계와 생산 현장 사이의 간극을 메워준다. 기계와 클라우드 데이터베이스 사이에서 모든 생산 프로세스 데이터는 싱글 프로토콜을 통해 전송되기 때문에 인터페이스, 게이트웨이 및 관련된 정보의 상실은 과거의 일이 되었다. OPC UA는 전통적인 공장 수준의 필드버스 시스템에 대한 요구를 제거하였다.

3.7.2 Automation Studio와 OPC

Automation Studio는 OPC Client를 지원해 준다. OPC Server와 연결하여 PLC 래더를 가상의 시스템과 연결하여 시뮬레이션할 수 있다.

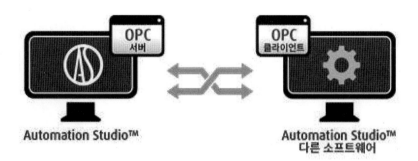

Automation Studio는 다양한 통신 방식을 제공하고 있으며 OPC를 이용하여 CAN Bus 통신, PLC를 통한 하드웨어 동기화도 가능하다.

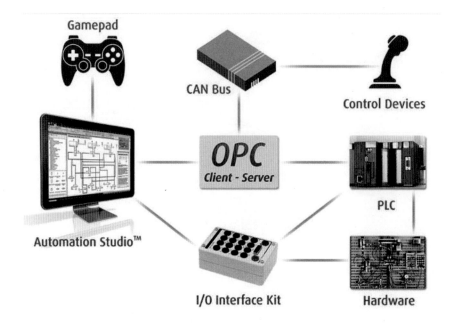

이번 실습에서는 OPC Server의 한 종류인 KEPServerEX를 이용하여 OPC 통신 설정 방법과 Automation Studio에서 가상의 시스템을 제어해 보도록 한다.

PLC는 미쓰비시 PLC와 GX-Works2를 사용한다.

3.7.3 GX-Works2 설정

1) PC 네트워크 설정

① WINDOWS10 시작에서 오른쪽 마우스를 누른다.

② 네크워크 연결을 선택한다.

③ 네트워크 옵션 변경을 선택한다.

네트워크 설정 변경

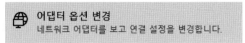

🌐 **어댑터 옵션 변경**
네트워크 어댑터를 보고 연결 설정을 변경합니다.

🖶 **공유 옵션**
연결하는 네트워크에 대해 공유할 항목을 결정하세요.

⚠ **네트워크 문제 해결사**
네트워크 문제를 진단하고 해결합니다.

④ 이더넷을 선택하고 오른쪽 마우스를 눌러 속성을 선택한다.

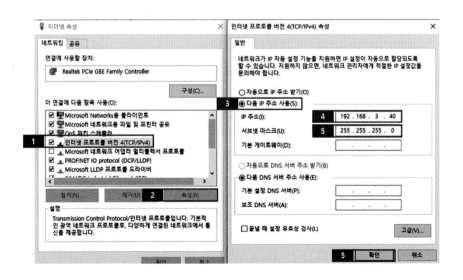

⑤ 인터넷 프로토콜 버전4를 선택하고 속성 버튼을 누른다.

⑥ 다음 IP 주소 사용을 체크한다.

⑦ IP 주소는 192.168.3.40 서브넷 마스크는 255.255.255.0으로 설정하고 확인
버튼을 누른다.

2) PLC 프로그래밍 읽어 오기

① PLC CPU와 PC 간에 이더넷 케이블을 연결한다.

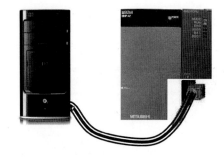

② 바탕화면에서 GX-WORKS2를 실행한다.

③ Online → Read from PLC를 선택한다.

④ PLC Series는 QCPU(Qmde)를 선택하고 OK 버튼을 누른다.

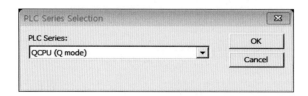

⑤ Ethenet Board를 선택한다.

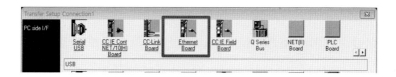

⑥ 아래 메시지가 나타나면 예 버튼을 누른다.

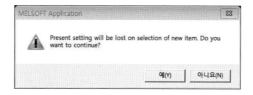

⑦ PLC Module을 더블클릭한다.

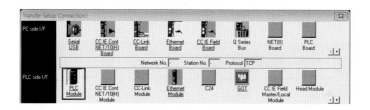

⑧ Connection via HUB를 선택하고 Find CPU(Built Ethernet port)on Net-
work 버튼을 클릭한다.

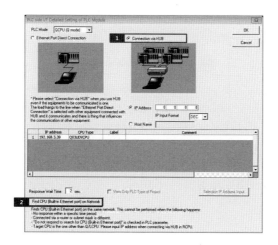

⑨ PLC IP address가 나타나면 IP address를 더블클릭한다.

⑩ Ethernet Port Direct Connection을 선택하고 OK 버튼을 누른다.

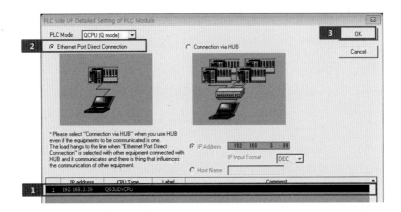

⑪ No Specification을 선택하고 Connection Test 버튼을 누른다.

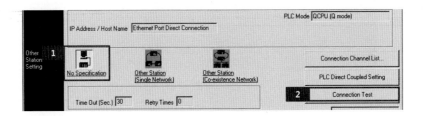

⑫ 연결이 성공하였다는 메시지가 나타나면 확인 버튼을 누른다.

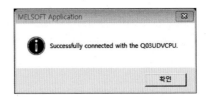

⑬ Transfer Setup Connection창에서 OK 버튼을 누른다.

⑭ Online Data Operation창에서 Execute 버튼을 누른다.

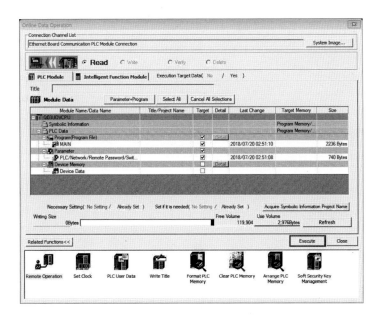

⑮ Read frome PLC창이 나타나고 Read가 완료되면 Close 버튼을 누른다.

⑯ Online Data Operation에서 Close 버튼을 누른다.

3) 파라미터 설정

① 왼쪽 Navigation에서 PLC Parameter를 더블클릭한다.

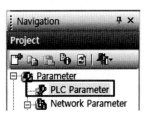

② Q Parameter Setting창에서 Built-in Ethernet port Setting 탭을 누른다.

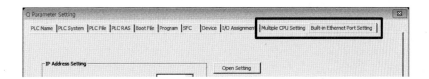

③ Open Setting 버튼을 누른다.

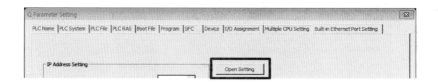

④ Protocol 타입을 TCP로 Open System은 MC Protocol, Host Station은 33175로 변경한다.

⑤ End 버튼을 누른다.

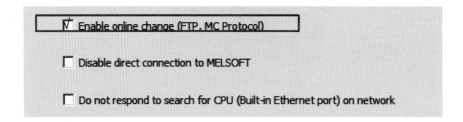

⑥ Enable online change(FTP, MC Protocol)의 체크 박스에 체크한다.

☑ Enable online change (FTP, MC Protocol)

☐ Disable direct connection to MELSOFT

☐ Do not respond to search for CPU (Built-in Ethernet port) on network

⑦ I/O Assignment 탭을 선택하고 Read PLC Data 버튼을 클릭한다.

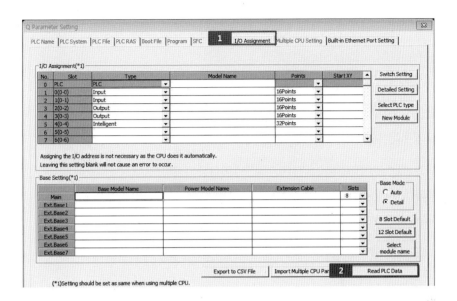

⑧ Check 버튼을 클릭하고 There is no error 메시지가 나타나면 확인 버튼을 클릭한다.

⑨ End 버튼을 클릭한다.

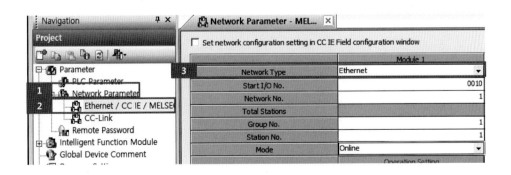

⑩ 왼쪽 Navigation에서 Network Parameter를 더블클릭한다.

⑪ Ethernet/CC IE/MELSECNET을 더블클릭한다.

⑫ Network Type은 Ethernet, Start I/O No는 10, Network No는 1, Group No는 1, Station No는 1로 설정한다.

⑬ Operation Setting 버튼을 누른다.

⑭ Ethernet Operation Setting에서 Initial Timing을 Always wait for OPEN을 선택한다.

⑮ IP 어드레스를 192.168.3.39로 설정한다.

⑯ Enable Online Change 체크 박스에 체크한다.

⑰ End 버튼을 누른다.

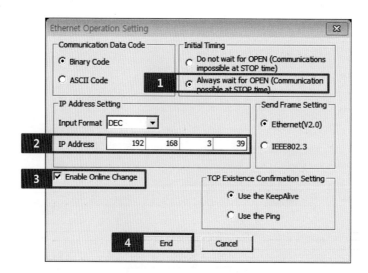

⑱ Check 버튼을 클릭하고 There is no error 메시지가 나타나면 확인 버튼을 클릭한다.

4) 프로그램 작성

① Write 모드를 선택한다.

② 왼쪽 렁 끝을 선택하고 오른쪽 마우스를 누른다.

③ Edit에서 Delete Row를 선택한다. 모든 Row를 삭제한다.

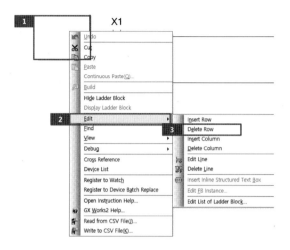

④ 툴 바의 ┤├F5 을 클릭하면 래더 입력 화면이 나타난다.

⑤ <u>키보드로 "X0"을 입력하고 OK 버튼을 선택한다.</u>

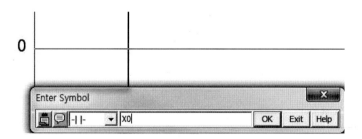

⑥ 툴바의 ()F7 을 클릭하면 래더 입력 화면이 나타난다.

⑦ <u>키보드로 "Y20"을 입력하고 확인 버튼을 선택한다.</u>

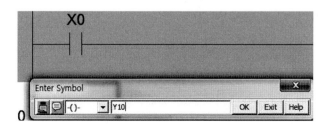

⑧ 래더 작성이 끝나면 메뉴바에서 [Compile→Build]를 선택한다.

3.7.4 KEPserverEX 설정

1) 채널 및 디바이스 설정

① 바탕화면에 KEPServerEX를 실행한다.

② File 메뉴에서 New를 선택한다.

File	Edit	View	Tools	Runtime	Help
New					Ctrl+N
Open...					Ctrl+O
Save					Ctrl+S
Save As...					F12

③ 왼쪽에 Click to add a channel을 선택한다.

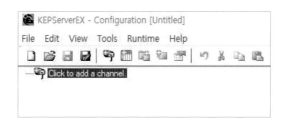

④ 다음 버튼을 선택한다.

⑤ Device driver를 Misubishi Ethernet을 선택하고 Enable diagnostics 체크 박스를 체크한다.

⑥ 다음 버튼을 누른다.

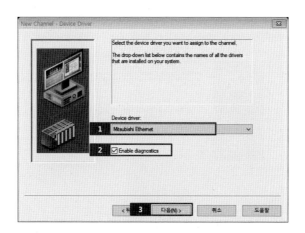

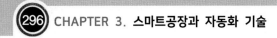

⑦ Network Adapter에서 192.168.3.40을 선택하고 다음 버튼을 누른다.

⑧ 다음 버튼을 누른다.

⑨ 다음 버튼을 누른다.

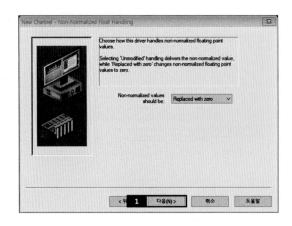

⑩ 마침 버튼을 누른다.

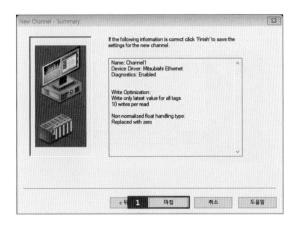

⑪ 왼쪽에서 Click to add a device를 선택한다.

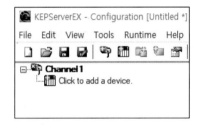

⑫ 다음 버튼을 누른다.

⑬ Q Series를 선택하고 다음 버튼을 누른다.

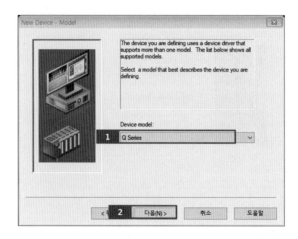

⑭ Device ID를 PLC IP인 192.168.3.39:N0:255로 작성하고 다음 버튼을 누른다.

⑮ 다음 버튼을 누른다.

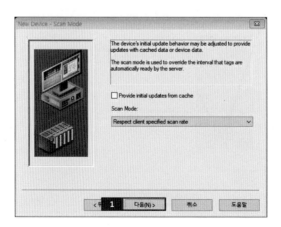

⑯ 다음 버튼을 누른다.

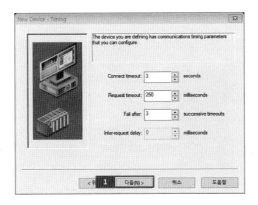

⑰ 다음 버튼을 누른다.

⑱ 다음 버튼을 누른다.

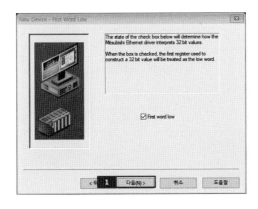

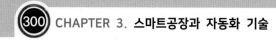

⑲ IP Protocol을 TCP/IP로 설정하고 Port Number를 33175로 작성한다. 다음 버튼을 누른다.

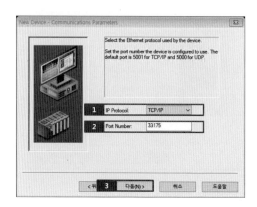

⑳ 아래 화면이 나올 때까지 다음 버튼을 누르고 마침 버튼을 누른다.

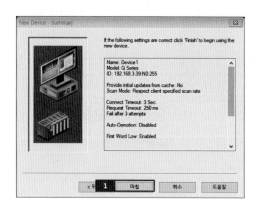

2) 태그 설정

① Click to add static tag.를 선택한다.

② Name은 IN, Addresss는 X0으로 작성하고 ☑ 버튼을 누른다.

③ 확인 버튼을 누른다.

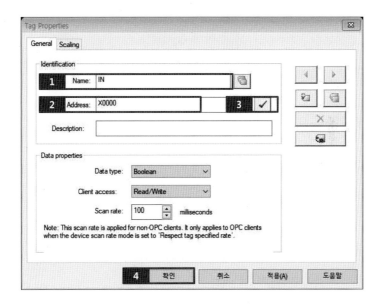

④ tag가 설정된 화면에 빈 공간을 더블클릭한다.

⑤ Name은 OUT, Addresss는 Y20으로 작성하고 ☑ 버튼을 누른다.

⑥ 확인 버튼을 누른다.

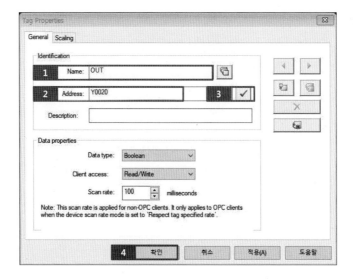

⑦ Runtime 메뉴에서 Connect를 선택한다.

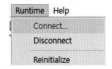

3.7.5 Automation Studio 설정

Automation Studio에서 새 프로젝트를 만든다.

아래와 같이 PLC 회로를 배선한다.

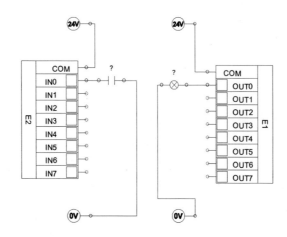

① 도구 메뉴에서 관리 탭에 있는 통신 관리자를 선택한다.

② OPC 추가 버튼을 누르고 찾기 버튼을 누른다.

③ KEPServerEX를 선택하고 체크 버튼을 누른다.

④ 그룹 탭을 선택하고 OPC 그룹 추가를 선택한다.

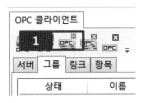

⑤ OPC 서버를 선택하고 동기, 항목을 선택한다.

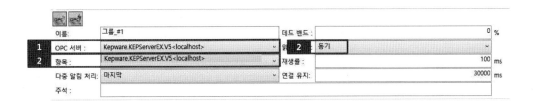

⑥ 링크 탭을 선택하고 그룹_#1을 선택한다.

⑦ AS 변수에서 위치 CRNO1을 선택하고 OPC 아이템에서 IN을 선택한다.

⑧ 링크 만들기 버튼을 클릭한다.

⑨ AS 변수에서 알리아스 OUT0을 선택하고 OPC 아이템에서 OUT을 선택한다.

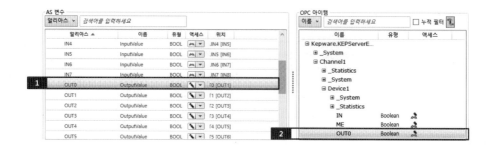

⑩ 링크 만들기 버튼을 클릭한다.

Exercise	컨베이어 시스템 제어	제한시간
		20분
실습목표	① PLC 프로그램의 응용 명령어를 이해할 수 있다. ② OPC 통신 통해 가상의 장비를 제어할 수 있다.	

동작 조건

정회전 버튼을 누르면 컨베이어가 정회전을 하고 역회전 버튼을 누르면 역회전한다.
정회전 동안 Conv_End가 감지되면 정지한다.
역회전 동안 Conv_Initial이 감지되면 정지한다.

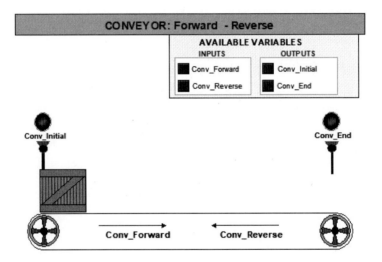

IO 할당표

입력 카드			출력 카드		
변수명	어드레스	의 미	변수명	어드레스	의 미
Conv_Initial	X0	초기위치 센서	Conv_Forward	Y20	컨베이어벨트 전진
Conv_End	X1	끝 위치 센서	Conv_Reverse	Y21	컨베이어벨트 후진
	X2		Conv_Initial LAMP	Y22	초기위치 센서 램프
	X3		Conv_End LAMP	Y23	끝 위치 센서 램프

Exercise	재질 분류 시스템	제한시간
		20분
실습목표	① PLC 프로그램의 응용 명령어를 이해할 수 있다. ② OPC 통신 통해 가상의 장비를 제어할 수 있다.	

동작 조건

SEQUENCE1~3버튼을 누르면 랜덤으로 WOOD, METAL, GLASS가 배치되어 공급된다. 각 적재함에 맞춰 WOOD, METAL, GLASS가 적재되도록 프로그래밍한다.

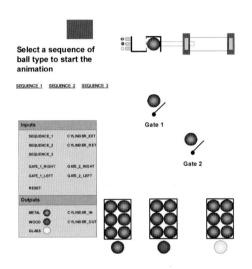

IO 할당표

입력 카드			출력 카드		
변수명	어드레스	의 미	변수명	어드레스	의 미
CYLINDER_EXT	X0	실린더 후진 센서	컨베이어 벨트 전진	Y20	실린더 전진
CYLINDER_RET	X1	실린더 전진 센서	컨베이어 벨트 후진	Y21	실린더 후진
GATE_1_RIGHT	X2	메탈 센서	초기 위치 센서 램프	Y22	게이트 1 오른쪽 닫기
GATE_1_LEFT	X3	우드 센서	끝 위치 센서 램프	Y23	게이트 1 왼쪽 닫기
GATE_2_RIGHT	X4	글라스 센서		Y24	게이트 2 오른쪽 닫기
GATE_2_LEFT	X5	START 스위치		Y25	게이트 2 왼쪽 닫기
CYLINDER IN LAMP	X6			Y26	실린더 인 램프
CYLINDER OUT LAMP	X7			Y27	실린더 아웃 램프
METAL SENSOR LAMP	X8			Y28	메탈 센서 램프
WOOD SENSOR LAMP	X9			Y29	우드 센서 램프
GLASS SENSOR LAMP	XA			Y2A	글라스 센서 램프

Exercise	드릴링 장비	제한시간
		20분
실습목표	① PLC 프로그램의 응용 명령어를 이해할 수 있다. ② OPC 통신 통해 가상의 장비를 제어할 수 있다.	

동작 조건

가공품이 지그에 고정되면 드릴링 작업을 한 후 실린더 1이 동작한 후 실린더 2가 동작하여 가공품을 제거하도록 프로그래밍한다.

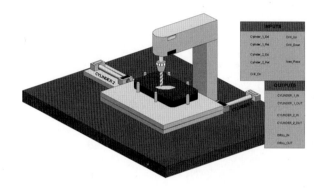

IO 할당표

입력 카드			출력 카드		
변수명	어드레스	의 미	변수명	어드레스	의 미
DRILL_IN	X0	드릴 상승 센서	Drill_On	Y20	드릴 회전
CYLINDER_1_OUT	X1	실린더 1 전진 센서	Cylinder_1_Ext	Y21	실린더 1 전진
CYLINDER_1_IN	X2	실린더 1 후진 센서	Cylinder_1_Ret	Y22	실린더 1 후진
CYLINDER_2_IN	X3	실린더 2 후진 센서	Cylinder_2_Ext	Y23	실린더 2 전진
CYLINDER_2_OUT	X4	실린더 2 센서 센서	Cylinder_2_Ret	Y24	실린더 2 후진
DRILL_OUT	X5	드릴 하강 센서	DrillUp	Y25	드릴상승
New_Piece	X6	새 재료 센서	DrillDown	Y26	드릴하강
			New_Piece	Y27	새 재료
			DRILL_IN LAMP	Y28	드릴 상승 센서 램프
			CYLINDER_1_OUT LAMP	Y29	실린더 1 전진 센서 램프
			CYLINDER_1_IN LAMP	Y2A	실린더 1 후진 센서 램프
			CYLINDER_2_IN LAMP	Y2B	실린더 2 후진 센서 램프
			CYLINDER_2_OUT LAMP	Y2C	실린더 2 센서 센서 램프
			DRILL_OUT LAMP	Y2D	드릴 하강 센서 램프
			New_Piece LAMP	Y2E	새 재료 센서 램프

Exercise	컨베이어 엘리베이터	제한시간
		20분
실습목표	① PLC 프로그램의 응용 명령어를 이해할 수 있다. ② OPC 통신 통해 가상의 장비를 제어할 수 있다.	

동작 조건

팔레트를 1층에서 2층으로 옮기는 컨베이어 엘리베이터 동작을 프로그래밍한다.

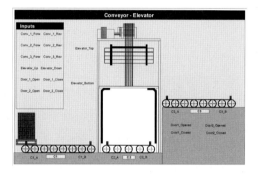

IO 할당표

입력 카드			출력 카드		
변수명	어드레스	의 미	변수명	어드레스	의 미
C1_A	X0	1번 컨베이어 센서	Conv_1_Forw	Y20	컨베이어 벨트(1) 전진
C1_B	X1	1번 컨베이어 센서	Conv_2_Forw	Y21	컨베이어 벨트(2) 전진
C2_A	X2	2번 컨베이어 센서	Conv_3_Forw	Y22	컨베이어 벨트(3) 전진
C2_B	X3	2번 컨베이어 센서	Conv_1_Rev	Y23	컨베이어 벨트(1) 후진
C3_A	X4	3번 컨베이어 센서	Conv_2_Rev	Y24	컨베이어 벨트(2) 후진
C3_B	X5	3번 컨베이어 센서	Conv_3_Rev	Y25	컨베이어 벨트(3) 후진
Elevator_Top	X6	엘리베이터 상승 센서	Elevator_Up	Y26	엘리베이터 상승
Elevator_Buttom	X7	엘리베이터 하강 센서	Elevator_Down	Y27	엘리베이터 하강
Door1_Opened	X8	왼쪽문 열림 센서	Door_1_Open	Y28	왼쪽문 열림
Door1_Closed	X9	왼쪽문 닫힘 센서	Door_1_Close	Y29	왼쪽문 닫힘
Door2_Opened	XA	오른쪽문 열림 센서	Door_2_Open	Y2A	오른쪽문 열림
Door2_Closed	XB	오른쪽문 닫힘 센서	Door_2_Close	Y2B	오른쪽문 닫힘
			C1_A LAMP	Y2C	1번 컨베이어 벨트 램프
			C1_B LAMP	Y2D	1번 컨베이어 벨트 램프
			C2_A LAMP	Y2E	2번 컨베이어 벨트 램프
			C2_B LAMP	Y2F	2번 컨베이어 벨트 램프
			C3_A LAMP	Y30	3번 컨베이어 벨트 램프
			C3_B LAMP	Y31	3번 컨베이어 벨트 램프
			Elevator_Top LAMP	Y32	엘리베이터 램프
			Elevator_Buttom LAMP	Y33	엘리베이터 램프
			Door1_Opened LAMP	Y34	1번문 열림 램프
			Door1_Closed LAMP	Y35	1번문 닫힘 램프
			Door2_Opened LAMP	Y36	2번문 열림 램프
			Door2_Closed LAMP	Y37	2번문 닫힘 램프

Exercise	박스 이송 시스템	제한시간
		20분
실습목표	① PLC 프로그램의 응용 명령어를 이해할 수 있다. ② OPC 통신 통해 가상의 장비를 제어할 수 있다.	

동작 조건

매거진에 공급되어 있는 박스를 적재함에 이송시키도록 프로그래밍한다.

IO 할당표

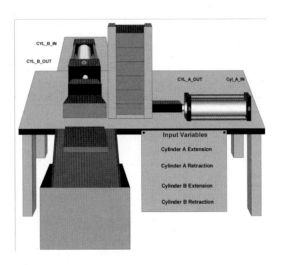

입력 카드			출력 카드		
변수명	어드레스	의 미	변수명	어드레스	의 미
Cyl_A_Extension	X0	A 실린더 전진 센서	컨베이어 벨트(1) 전진	Y20	A 실린더 전진
Cyl_A_Retraction	X1	A 실린더 후진 센서	컨베이어 벨트(2) 전진	Y21	A 실린더 후진
Cyl_B_Extension	X2	B 실린더 전진 센서	컨베이어 벨트(3) 전진	Y22	B 실린더 전진
Cyl_B_Retraction	X3	B 실린더 후진 센서	컨베이어 벨트(1) 후진	Y23	B 실린더 후진
CYL_A_OUT LAMP	X4		컨베이어 벨트(2) 후진	Y24	A 실린더 전진 센서 램프
CYL_A_IN LAMP	X5		컨베이어 벨트(3) 후진	Y25	A 실린더 후진 센서 램프
CYL_B_OUT LAMP	X6		엘리베이터 상승	Y26	B 실린더 전진 센서 램프
CYL_A_IN LAMP	X7		엘리베이터 하강	Y27	B 실린더 후진 센서 램프

Exercise	세차장 프로그래밍	제한시간
		20분
실습목표	① PLC 프로그램의 응용 명령어를 이해할 수 있다. ② OPC 통신 통해 가상의 장비를 제어할 수 있다.	

동작 조건

매거진에 공급되어 있는 박스를 적재함에 이송시키도록 프로그래밍한다.

IO 할당표

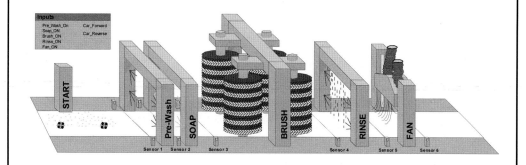

입력 카드			출력 카드		
변수명	어드레스	의 미	변수명	어드레스	의 미
Sensor_1 ON	X0	첫 번째 센서	Car_Forward	Y20	자동차 전진
Sensor_2 ON	X1	두 번째 센서	Car_Reverse	Y21	자동차 후진
Sensor_3 ON	X2	세 번째 센서	Pre_Wash_On	Y22	예비 세차 센서 작동
Sensor_4 ON	X3	네 번째 센서	Soap_ON	Y23	세정제 센서 작동
Sensor_5 ON	X4	다섯 번째 센서	Brush_ON	Y24	브러시 센서 작동
Sensor_6 ON	X5	여섯 번째 센서	Rinse_ON	Y25	세척 센서 작동
	X6		Fan_ON	Y26	바람 센서 작동
	X7		Sensor_1 LAMP	Y27	센서 1 램프
	X8		Sensor_2 LAMP	Y28	센서 2 램프
	X9		Sensor_3 LAMP	Y29	센서 3 램프
	X10		Sensor_4 LAMP	Y2A	센서 4 램프
	X11		Sensor_5 LAMP	Y2B	센서 5 램프
	X12		Sensor_6 LAMP	Y2C	센서 6 램프

스마트공장 구축을 위한
자동화 기술

2020년 8월 23일 1판 1쇄 인 쇄
2020년 8월 28일 1판 1쇄 발 행

지은이 : 전 은 호

펴낸이 : 박 정 태

펴낸곳 : **광 문 각**

10881
파주시 파주출판문화도시 광인사길 161
광문각빌딩 4층
등 록 : 1991. 5. 31 제12-484호
전화(代) : 031) 955-8787
팩 스 : 031) 955-3730
E-mail : kwangmk7@hanmail.net
홈페이지 : www.kwangmoonkag.co.kr

• ISBN : 978-89-7093-376-4   93560
값 22,000원

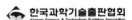
한국과학기술출판협회
Korean Science & Technology Publisher Association